KUANGJING YILIU MEITAN ZIYUAN
ANQUAN GAOXIAO KAIFA JISHU YU SHIJIAN

矿井遗留煤炭资源安全高效开发技术与实践

郑鹏　李建兵　程海兵　著

中国矿业大学出版社
· 徐州 ·

内 容 提 要

本书针对全国许多矿井遗留煤炭资源这一现状，为充分利用关闭、废弃矿井中的能源，实现对遗留煤炭进行二次回采，提高去产能矿井煤炭资源开发利用效率，分析了中国遗留煤炭资源赋存情况，结合山西省遗留煤炭资源赋存情况阐述了遗留煤炭资源开发的重要意义，总结和提出了遗留煤炭资源储量计算方法，介绍了遗留煤炭资源开发中存在的危险因素和防控技术以及生产中的开采技术和装备，并重点介绍了永安煤矿在遗煤复采中高效掘进与回采的技术经验。另外，以永安煤矿为例，阐述了遗留煤炭资源分选工程实践，为遗煤复采工程提供了理论指导和现场实际经验。

本书可供采矿工程及相关专业的科研与工程技术人员参考。

图书在版编目(CIP)数据

矿井遗留煤炭资源安全高效开发技术与实践 / 郑鹏，李建兵，程海兵著．—徐州：中国矿业大学出版社，2023.4

ISBN 978-7-5646-5781-9

Ⅰ．①矿… Ⅱ．①郑… ②李… ③程… Ⅲ．①矿井—煤炭资源—资源开发—研究 Ⅳ．①TD822

中国国家版本馆 CIP 数据核字(2023)第 059827 号

书　　名 矿井遗留煤炭资源安全高效开发技术与实践

著　　者 郑　鹏　李建兵　程海兵

责任编辑 耿东锋　王美柱

出版发行 中国矿业大学出版社有限责任公司

(江苏省徐州市解放南路　邮编 221008)

营销热线 (0516)83885370　83884103

出版服务 (0516)83995789　83884920

网　　址 http://www.cumtp.com　**E-mail**:cumtpvip@cumtp.com

印　　刷 苏州市古得堡数码印刷有限公司

开　　本 787 mm×1092 mm　1/16　**印张** 11.25　**字数** 288 千字

版次印次 2023 年 4 月第 1 版　2023 年 4 月第 1 次印刷

定　　价 65.00 元

郑　鹏　中共党员，中国企业 500 强之山西鹏飞集团有限公司董事局主席兼总裁，山西省民营企业家协会副会长，山西省焦化行业协会副会长。对企业安全管理与教育工作具有丰富的实践经验，曾获山西省五一劳动奖章。

李建兵　中共党员，正高级工程师，中国企业 500 强之山西鹏飞集团沁和公司总工程师，从事煤矿安全生产技术管理工作约 30 年。主持或参与的多个项目被中国煤炭工业协会和原国家安全生产监督管理总局等评价为“ 国际先进 ”和“ 国内领先 ”水平，获得省部级奖励 7 项，获授权专利十余项，发表学术论文十余篇。

程海兵　中共党员，中国企业 500 强之山西鹏飞集团永安煤矿党总支书记、矿长，先后荣获优秀矿（厂）长、晋城市“2018 年度安全生产先进个人 ”、山西省“‘三晋英才’支持计划拔尖骨干人才 ”、晋城市劳动模范等荣誉称号。

本书审核委员会

审核委员会主任　陈向军

审核委员会副主任　安丰华

审核委员会成员　王　林　陈海栋　李　林　刘金钊

冯帅龙　闵　瑞　杨子瑶　张蓉庆

刘梦可　张　樾　赵小辉　王小磊

安　康　白雪沂　郝　晴　刘田田

参与本书内容研究的人员

研究组组长　都沁军

研究组副组长　郝高峰

研究人员　（按姓氏笔画排序）

马向军　王永岗　王向伟　成　剑

任菲菲　刘　刚　李　斗　吴前进

张道林　张朝勇　谷　鹏　陈新虎

武靖轩　胡秀泉　贾世有　贾李兵

贾瑞勇　郭引朝　常兴中　景兴云

霍　兵

前　言

中国目前是全球最大的煤炭消费、生产和进口国。有关资料显示,2021年,国家一次能源中58%是煤炭,到2030年、2050年,我国的能源结构中煤炭仍将占据重要地位。

过去几十年经济发展的实践表明,我国国民经济与煤炭发展之间始终保持着一种唇齿相依的依赖关系。经济的快速发展促使煤炭需求量及产量快速增长,造成煤炭储采比大幅度下降,导致煤炭的保有储量呈明显的降低趋势。根据学者们的研究,现有煤炭储量难以满足未来国家对能源的需求。

经过多年的开采,多数矿区的易采煤炭资源逐年减少。由于我国过去煤炭开采理论水平不高,开采技术较落后,存在大量的滥采现象,煤炭资源被大量浪费,在长期开采过程中遗留了数量巨大的煤炭资源。据相关统计,我国目前遗煤储量约400亿t,仅山西省内因各种原因而残留的煤炭资源就高达100亿t,且遗煤大多为优质煤种。遗煤开采对促进我国煤炭资源可持续发展、保证中国能源供给安全、缓解国家能源需求的紧张局面具有重要意义。

山西鹏飞集团沁和公司永安煤矿是晋城矿区进行遗煤复采较早的,也是较成功的矿井之一。在遗煤复采方法、遗煤复采安全技术等方面积累了大量的成功经验。撰写本书,旨在将永安煤矿遗煤复采经验进行推广,扩展我国煤矿开采思路。

本书共分为4篇11章。在内容上,首先分析了中国遗留煤炭资源赋存、山西省遗留煤炭资源赋存、遗留煤炭资源开发重要意义;其次,构建了遗留煤炭资源储量估算模型,提出了遗煤资源开发存在的危险因素及防控技术,分析了遗留煤炭资源开采技术与装备;再次,以永安煤矿为工程实例,阐述了遗煤复采过程中巷道、工作面掘进及回采所用的工艺、方法及安全保障措施;最后,论述了遗煤分选的必要性,阐明了适用于复采矿井的分选方法及装备。

本书是在鹏飞集团与河南理工大学多名科技工作者辛勤努力下共同完成

的，感谢参与本书撰写的全部同志；特别感谢河南理工大学和山西沁和绿色智能煤炭科学研究院有限公司对本书出版的大力支持！

由于作者水平所限，书中存在疏漏与不当之处在所难免，敬请读者批评指正。

著　者

2023年1月于鹏飞集团

目　录

第1篇　遗留煤炭资源开发意义

第2篇　矿井遗留煤炭资源安全高效开发技术

第3篇 遗留煤炭资源开发与工程实践

第 4 篇　遗留煤炭资源高效分选

第 1 篇

遗留煤炭资源开发意义

第 1 章　中国遗留煤炭资源赋存

煤炭是我国的基础能源和工业原料，长期以来为经济社会发展和国家能源安全稳定供应提供了有力保障。煤炭作为重要的基础能源和原料，在国民经济中具有重要的战略地位。2021 年，在一次能源结构中煤炭消费占比为 56.0%。尽管中国能源消费结构在不断改善，但水电、核电、风电等非化石能源比重十年来仅提高了不到十个百分点，煤炭在未来长期时间内仍是我国的主要能源。

改革开放以来，煤炭工业取得了长足发展，煤炭产量持续增长，生产技术水平逐步提高，煤矿安全生产条件有所改善，在国民经济和社会发展中发挥了重要的作用。《中华人民共和国国民经济和社会发展第十四个五年规划和 2035 年远景目标纲要》在安全保障方面设置了能源安全指标，到 2025 年综合生产能力达到 46 亿吨标准煤以上。煤炭生产技术发展和进步是能源安全高效供给的重要保障。

当前，我国的能源需求仍呈增长趋势，鉴于可再生能源短期内难以大规模替代传统化石能源，煤炭仍将是我国能源供应的“压舱石”。习近平总书记指出：“能源结构、产业结构调整不可能一蹴而就，更不能脱离实际。”充分利用关闭、废弃矿井中的能源，对遗留煤炭进行二次回采，不仅能减少资源浪费，提高去产能矿井能源资源开发利用效率，还可以为关闭、废弃矿井企业提供一条转型脱困潜在路径和战略缓冲时间，为推动资源枯竭型城市转型发展提供额外保障。

1.1　中国煤炭采煤方法发展历程

煤炭开采方法与技术的合理应用不仅关系着现代煤矿开采的效率与安全，还直接影响煤矿企业的经济效益与可持续发展。在当前煤矿开采规模不断扩大的情况下，煤矿开采技术已逐渐向集约化、精细化与智能化方向推进，特别是部分大型开采设备的应用，促进了煤矿生产自动化程度的提高，大幅度改善了煤矿企业生产的经济性和安全性。与此同时，煤炭开采技术及方法的进步往往能提高煤炭采出率和利用率。因此，改进煤矿采煤方法与技术具有多方面重要现实意义。我国煤矿采煤历史悠远，采煤方法发展经历了多个阶段，具体历程如图 1-1 所示。

发展至今，我国的采煤方法总体上可划分为壁式和柱式两大类，这两种采煤方法无论在采煤系统还是回采工艺上都有很大的区别。柱式采煤法的特点是煤壁短且呈方柱形，同时开采的工作面数较多，采出的煤炭垂直于工作面方向运出。壁式采煤法的特点是煤壁较长，工作面的两端巷道分别用于进风和回风、运煤和运料，采出的煤炭平行于煤壁方向运出工作面，我国多采用壁式采煤法开采煤层。

我国煤层赋存条件复杂多样，改革开放前以人工开采、炮采等高危方式开采为主，生产

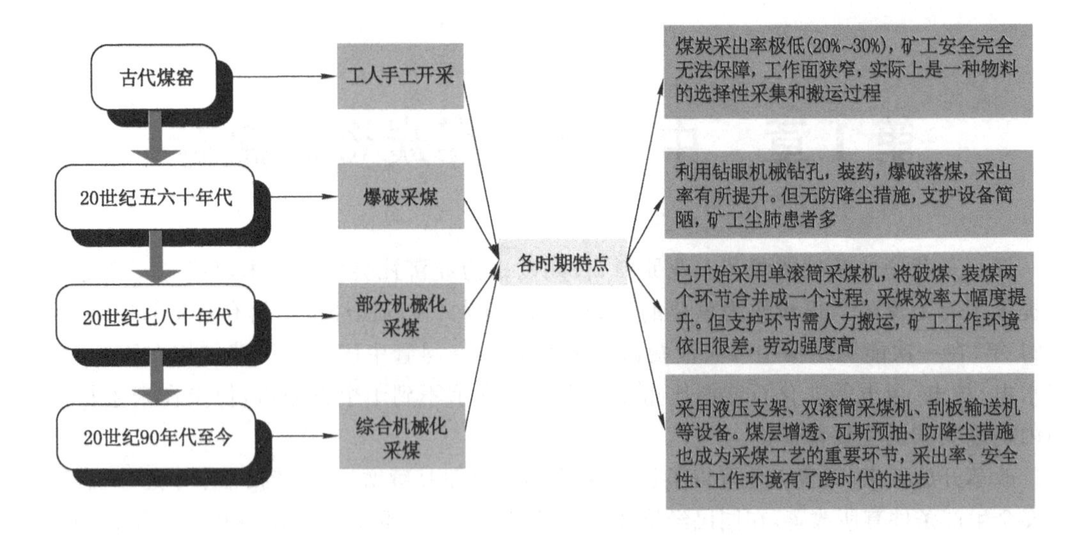

图 1-1　我国煤矿采煤方法发展历程

效率低下，人员伤亡率高。自改革开放以来，通过对国外综采综放开采技术与装备进行引进、消化、吸收、再创新，我国煤炭开采技术与装备迅猛发展，逐步形成了中国特色的煤炭综采技术与装备体系。

在引进国外综采技术与装备的基础上，我国进行了大量的自主研发，实现了由引进消化吸收到创新引领的跨越式发展。1982 年，煤炭科学研究总院率先开展综采放顶煤开采技术与装备的引进与实践，并于 1984 年 4 月在沈阳矿务局蒲河煤矿进行了我国第 1 个缓倾斜厚煤层综放开采技术井下工业试验。但受制于支架设计及采空区自然发火等问题，试验效果并不理想。1985—1986 年，在甘肃窑街矿务局二矿进行了厚度为 25 m 的急倾斜特厚煤层水平分段放顶煤开采试验，获得成功，并开始在我国其他矿区大力推广应用综采放顶煤开采技术。至 1990 年年底，已经在平顶山、阳泉、潞安、晋城、郑州、兖州、辽源、乌鲁木齐、平庄等矿区成功推广应用综采放顶煤工作面 32 个。

针对厚煤层一次采全高开采技术难题，1985 年西山矿务局首次进行国产大采高综采技术与装备的井下试验，工作面采高 4.0 m，平均月产达 14.57 万 t。1986 年，东庞煤矿开展 4.5～4.8 m 厚煤层开采试验，实现最高月产 14.22 万 t。至 20 世纪 90 年代初，厚煤层一次采全高开采技术成功在我国铜川、开滦、西山、兖州、徐州、邢台、双鸭山等矿区进行推广应用，但受制于综采技术与装备，一次采全高综采工作面的最大机采高度均未能突破 5.0 m。

1995 年之后，煤炭科学研究总院北京开采研究所与相关单位合作，推动了我国综采综放开采技术与装备进入高产高效创新发展、提高阶段。“十五”期间，与兖矿集团合作率先完成年产 600 万 t 综放开采技术与装备研发，创造了综放开采单产、工效和采出率的纪录。2003 年，针对晋城寺河矿厚煤层赋存条件，开展了高端大采高液压支架的国产化研发，研制出 ZY8640/25.5/55 型国产高端大采高液压支架，工作面最大采高 5.2 m，实现最高日产 3 万 t。

随着我国综采技术与装备的持续创新发展，煤炭科学研究总院北京开采研究所(2007年增名“煤炭科学研究总院开采研究分院”)提出大采高综放开采技术，研发出一系列大采高综放开采技术与装备，有效提高了厚煤层综放工作面的煤炭采出率。2008—2009年，在柳塔煤矿成功应用了采高4.2 m的大采高综放开采技术与装备，实现最高月产64万t。同年在平朔安家岭煤矿实现综放工作面月产130万t的纪录。“十一五”期间，针对大同塔山煤矿14～20 m特厚煤层大采高综放开采难题，成功研发了最大机采高度5.0 m的国产大采高综放开采技术与装备，实现年产突破1 000万t。针对我国西部矿区坚硬特厚煤层顶煤冒放性差的难题，研发出5.0 m两柱强力大采高液压支架及成套装备，在双山煤矿、神树畔煤矿等实现了坚硬特厚煤层高产、高效、高采出率开采。2018年，针对兖矿集团金鸡滩煤矿平均厚度约12 m的浅埋深、坚硬、特厚煤层，研发出最大机采高度7.0 m的超大采高综放开采技术与装备，进一步提高了我国综放开采技术与装备水平。

物联网、大数据、人工智能等新一代科技的快速发展与创新应用，促使我国煤矿自动化、智能化水平不断提高。2001年铁法煤业集团引进德国成套刨煤机组，之后配套国产液压支架，在小青矿、晓南矿实现了薄煤层自动化开采；2007—2013年，针对峰峰煤矿复杂坚硬薄煤层条件，研发了适用于0.6～1.3 m薄煤层的综采自动化成套技术与装备，实现了0.6～1.3 m薄煤层自动化安全高效开采。2014年，基于黄陵一号煤矿中厚煤层自动化、智能化开采需求，研发了1.4～2.2 m煤层自动化成套装备，开创了工作面“有人巡视、无人值守”的自动化、智能化开采模式，并成功将液压支架自动跟机移架、采煤机记忆截割、刮板输送机智能变频调速等自动控制技术在大采高综采综放工作面推广应用。2017年，针对赋存条件较简单的中厚煤层高产高效智能化开采技术难题，研发了3～4 m煤层年产千万吨智能化综采成套技术与装备，在兖矿集团转龙湾煤矿实现了中厚煤层安全、高效、智能化开采。由于我国煤矿智能化开采技术与装备尚处于初级阶段，受制于我国煤层赋存条件复杂多样的现状，煤矿智能化、少人化甚至无人化开采技术与装备仍需持续攻关与突破。

1.2　中国遗留煤炭资源赋存情况

1.2.1　中国遗煤储量及储采比

受开采技术水平限制，过去我国煤矿的平均采出率一般为30%～35%，部分小型煤矿及乡镇煤矿的采出率仅为10%～20%，导致我国很多矿区存在大量遗煤。基于此，张玉江等提出了遗煤概念，计算了遗煤的可采储量，并在整体能源环境下分析了遗煤开采对我国煤炭工业发展以及国家能源供应的影响。

煤矿资源整合政策为在现有生产系统基础上进行遗煤开采提供了契机。遗煤开采对促进中国煤炭行业可持续发展、保证中国能源供给安全、缓解国家能源需求的紧张局面具有重要意义。由于历史和技术等原因，目前遗煤储量无法全部精确统计，只能通过煤炭产量及采出率进行估算。先确定我国煤矿不同时期和不同隶属关系矿井的采出率，然后统计煤炭年产量及煤矿的类型，最后在上述数据基础上估算遗煤资源的储量。遗煤的基础储量、可采储量和采出率计算公式为：

$$R_{RRC}=R_{RC}\times R_{PRC} \tag{1-1}$$

$$R_{RC}=\sum_{j=1}^{k}\sum_{i=1}^{m}O_{Tij}(1-R_{Pij})/R_{Pij} \tag{1-2}$$

$$R_{PRC}=(R_{PT}-R_{P1})/(1-R_{P1}) \tag{1-3}$$

式中 R_{RRC}——遗煤的可采储量，t；

R_{RC}——遗煤的基础储量，t；

R_{PRC}——遗煤的采出率；

O_{Tij}——不同时期的产量，t；

R_{Pij}——采出率；

R_{P1}——初次采出率；

R_{PT}——总采出率。

美国地质勘探局(USGS)、美国矿产署(U. S. Bureau of Mines)和能源情报署(EIA)研究表明，煤炭开采量只占探明储量的50%～60%。我国遗煤基础储量达1 200亿t以上，可采储量约为400亿t。图1-2给出了不同初次采出率造成的遗煤基础储量和可采储量，其中，不同历史时期和不同隶属关系煤矿的矿井平均采出率不同。1949年前矿井平均采出率取15%；1949—1998年，私有煤矿取20%，国有煤矿取45%；1999年之后，私有煤矿取40%，国有煤矿取48%。

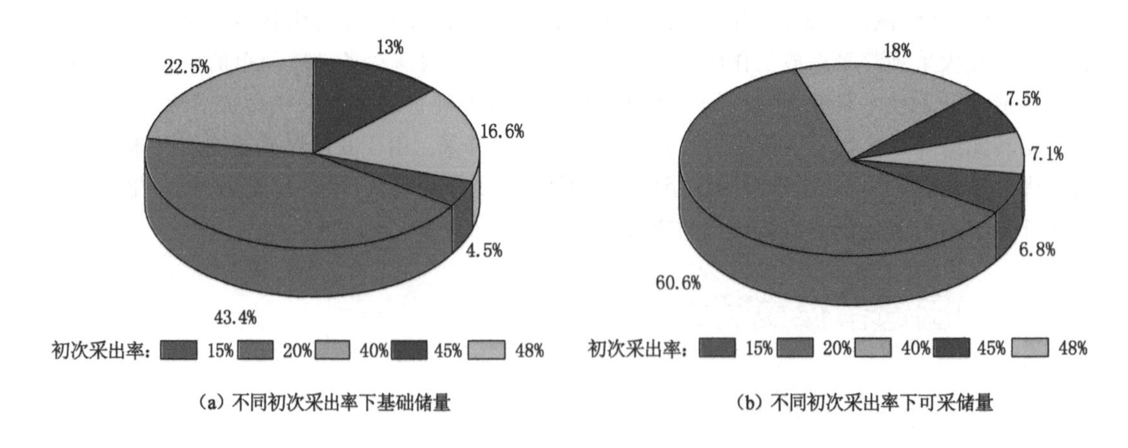

图1-2　遗煤储量特征

如图1-2(a)所示，对于基础储量来说，小煤矿开采造成的遗煤基础储量达847.2亿t，占全部遗煤基础储量的65.9%。初次采出率小于20%的遗煤基础储量达到616.4亿t，占全部遗煤储量的47.9%。如图1-2(b)所示，初次采出率小于20%的遗煤的可采储量达271.6亿t，占全部遗煤可采储量的67.4%。由于初次采出率越小，复采难度和成本越小，所以这部分遗煤破坏程度低，具有较高的开采价值。从时间上来讲，1998年之前产生的遗煤占全部可采储量的75%。1998年之后煤炭的初次采出率较高，这部分遗煤虽然具有开采的可能性，但是存在开采经济效益差和开采难度大的问题。

遗煤可采储量及储采比增加率可分别作为评价遗煤开采潜力及对服务年限延长作用的指标。图1-3给出了可开展遗煤开采的15个省(区)的遗煤可采储量及储采比增加率。此

15省(区)遗煤可采储量347.1亿t,约占全国遗煤可采储量的86%。其中,山西和内蒙古占15省(区)的40.7%,占全国的35.1%。东部区域存在159.5亿t的遗煤可采储量,占15省(区)的46%。但是考虑各个省(区)的年产量和保有储量的不同,遗煤储采比可以更好地反映遗煤开采对于煤炭可持续开采的意义。如图1-3所示,遗煤可以平均增加15省(区)69.7%的储采比,但是东部的增加比例普遍高于中西部。显然,遗煤的开采对于保有储量匮乏的东部省份煤炭工业可持续发展意义重大。

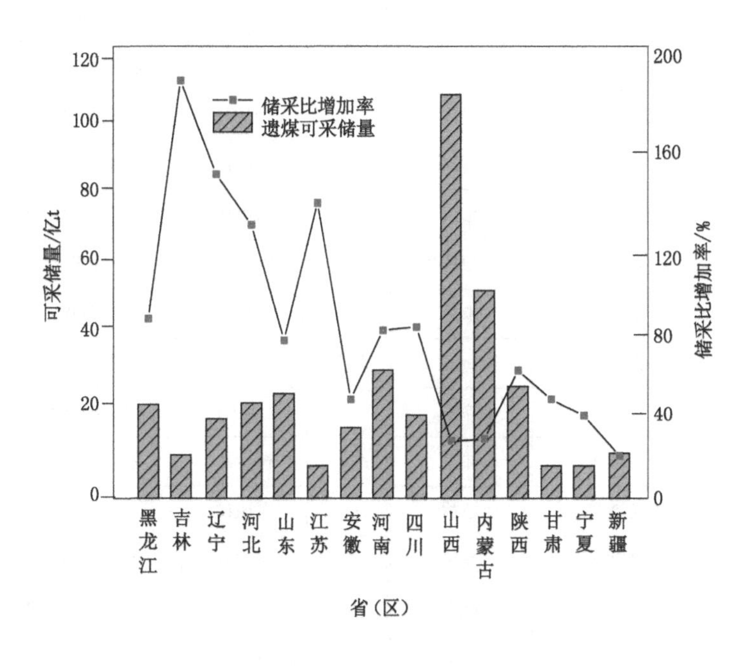

图1-3　遗煤可采储量及储采比增加率

我国目前赋存的遗煤主要有整层遗煤、块段遗煤、分层遗煤和以上3种类型遗煤组合而成的复合遗煤等4种类型。其中块段遗煤又可以分为边角煤、保护煤柱、控顶减沉遗留煤柱和小煤窑破坏区遗煤;分层遗煤主要是厚煤层遗留煤。针对不同类型遗煤的相关理论和开采方式,国内外学者进行了不少研究。遗煤中整层遗煤储量较大、回采方便,所以开采较为经济,开采价值大。整层遗煤可以按其赋存条件分为单一残采区上覆整层遗煤和复合残采区中部整层遗煤两大类。

1.2.2　遗煤开采矿井及遗煤类型分布

统计发现,2016年前我国有15个产煤省(区)共计79家煤矿进行遗煤开采,遗煤开采矿井基本情况详见表1-1。对我国遗煤开采矿井的地域和时间分布进行分析,有利于掌握遗煤开采发展趋势。图1-4给出了我国遗煤开采矿井的时空分布情况,纵轴为遗煤开采时间,以遗煤开采年份2006年为界,横轴为区域。如图1-4所示,遗煤开采自1976年开始,2006年之前,大多数遗煤开采矿井集中于东部,2006年后,中西部产煤省(区)开始大量进行遗煤开采,在数量上,东西部矿井基本持平。

表 1-1　2016 年前我国遗煤开采矿井基本情况

省(区)	煤矿	遗煤类型	开采技术	省(区)	煤矿	遗煤类型	开采技术
山西	平朔二矿	小窑破坏	综放	河南	王沟矿	煤柱	炮采
	金星矿	高落式、房式遗煤	水采		新华矿区	煤柱、底煤	短面长壁综放
	毛则渠矿	巷柱式、房式煤柱	综采		大庄矿	综放遗煤	不详
	三家窑矿	小窑破坏	露采		鹤壁六矿	水采遗煤	水采
	石圪节矿	煤柱和小块段	短面长壁综放		平煤一矿	边角煤、底煤	炮采放顶
	莒山矿	遗留底煤	综放		鹤壁四矿	边角煤	水采
	曹村矿	边角煤	旋转综采		高庄矿	边角煤柱	长壁
	白家庄矿	蹬空遗煤	综放	江苏	铜山矿	空区遗煤、边角煤	多种技术
	阳煤四矿	边角煤柱	小型放顶		旗山矿	蹬空煤层	炮采
	杜家沟矿	小窑破坏	未采		张双楼矿	边角煤	炮采放顶
	新柳矿	小窑破坏	普采、炮采		唐庄矿	薄煤层	普采
	东曲矿	小窑破坏	综采		三河尖矿	采区保护煤柱	综放
	晋华宫矿	蹬空遗煤	综采		权台矿	边角煤、煤柱	炮采放顶
	王庄矿	边角遗煤	综放		庞庄矿	煤柱	炮采
	四台矿	小窑破坏	综采	吉林	梅河矿三井	“三下”遗煤	分层放顶
	官地矿	蹬空遗煤及煤柱	放顶		湾沟矿	巷柱煤柱、底煤	水采
	燕子山矿	小窑破坏	综采		梅河矿一井	遗留块段	充填巷柱法
	赵庄矿	遗留底煤、边角煤柱	综采、充填	黑龙江	新岭矿	遗留煤柱	充填开采
	马脊梁矿	小窑破坏	综采		新城矿	边角煤	不详
山东	杨庄矿	防水煤柱	综采		安泰矿	下分层	普采
	崖头矿	煤柱	仓储式巷采		新安矿	边角煤	房柱式炮采
	鹿洼矿	防水煤柱	不详		东保卫矿	小窑破坏	放顶煤
	岱庄矿	条带煤柱	充填开采		新建矿	上行遗煤	普采
	埠村矿	条带煤柱	充填复采	辽宁	西安矿	遗留底煤	充填后综放
	大统矿	底煤	未开采		新邱矿	房式煤柱	露采
	茅庄矿	底煤、煤柱	炮采	安徽	百善矿	采空区遗煤	炮采
	洪村矿	薄煤层	长壁		石台矿	边角煤、煤柱	短壁开采
	八一矿	采空区残煤	水采		张庄矿	不规则边角煤	扇形炮采
	枣庄矿	空区遗煤	水采		谢一矿	井筒煤柱	综采
	北徐楼矿	遗留煤柱	爆破巷采				

表 1-1(续)

省(区)	煤矿	遗煤类型	开采技术	省(区)	煤矿	遗煤类型	开采技术
河北	井陉矿	边角煤柱、空区遗煤	多种技术	四川	马槽沟矿	边角煤柱、刀柱煤柱	短壁开采
	峰峰一矿	遗留煤柱	长壁式		白皎矿	遗留底煤	充填后复采
	云驾岭矿	小窑破坏	充填后综采	宁夏	石沟驿矿	小窑破坏	不详
	孙庄矿	小窑破坏、边角煤	炮采		大峰矿	小窑破坏及煤柱	露采
	章村矿	边角煤	普采	陕西	排界南矿	煤柱	露采
	吕家坨矿	水采残煤	水采		北马坊矿	残留底煤	充填后开采
	通顺矿	遗留煤柱	短面长壁开采	内蒙古	西乌素沟矿	小窑破坏	露采
	大力矿	边角煤柱	不详		伊泰集团	房式煤柱	连采
	康城矿	遗留底煤	轻型放顶	甘肃	红会一矿	小窑破坏	充填后综放
	峰峰二矿	工广煤柱	巷采	新疆	一九三矿	边角煤	短面长壁综放

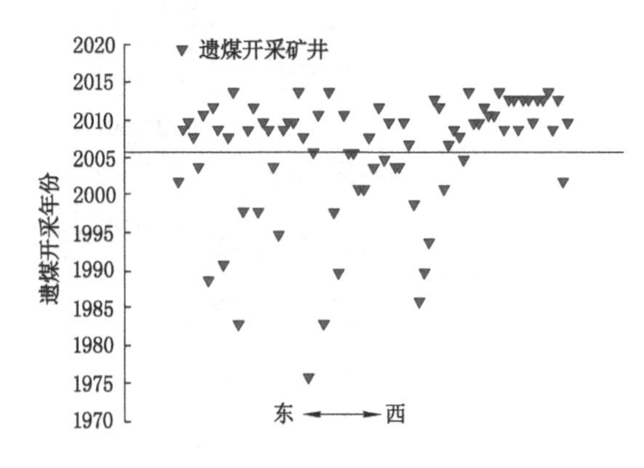

图 1-4 遗煤开采矿井时空分布

我国煤炭主产省份大部分都存在遗煤开采矿井，目前遗煤开采矿井主要集中在山西、山东、河北等省份，上述3省共存在40座遗煤开采矿井。遗煤开采对现有煤炭储采比的增加率基本呈现东高西低的趋势，与“黑河-腾冲”人口分界线相近。东部省份人口稠密，能源需求量大。因此，遗煤开采对保障东部产煤省的能源就近供给和煤炭工业可持续发展具有重大意义。

煤炭开采历史悠久、开采方法多样，造成我国遗煤赋存复杂。通过对表1-1的统计分析，可将遗煤划分为整层遗煤、块段遗煤、分层遗煤3种基本类型及以上3种类型组合形成的复合遗煤(图1-5)。调查发现，虽然每个省(区)煤矿遗煤的类型是多种多样的，但是每个省份都存在主要类型。例如黑龙江七台河矿区、双鸭山矿区，河南鹤壁矿区、平顶山矿区，河北峰峰矿区，江苏徐州矿区，安徽淮南矿区、淮北矿区，山东枣庄矿区、肥城矿区等老矿区面临资源枯竭的情况，不得不进行遗煤开采(薄煤层及煤柱、底煤)；而山西、内蒙古、陕西、甘肃、宁夏等开采的遗煤主要是小煤窑破坏所致；新疆的遗留煤炭资源开采则是边角煤柱的开采。图1-6给出了各遗煤开采省(区)的遗煤类型分布，图中横坐标为遗煤开采矿井所在省(区)，纵坐标为不同遗煤类型的比例。如图1-6所示，遗煤赋存类型的比例由高到低依次是块段遗煤(65.82%)、分层遗煤(13.92%)、复合遗煤(12.66%)和整层遗煤(8.86%)(由于煤层群是煤炭的主要赋存形式,复合遗煤的比例会高于统计的结果)。从种类上看,东部省(区)的遗煤类型要多于西部省(区)。块段遗煤最为常见,在 15 个省(区)均有分布,但是具体类型略有不同,东部主要是边角煤和保护煤柱,中西部则主要是小煤窑破坏区遗煤。开采时间和地质条件是造成上述差异的主要因素。东部矿井开采时间较早、煤层埋藏深、地质条件较复杂,导致小煤窑较少。所以,遗煤类型以各种煤柱、薄煤层和厚煤层顶底煤为主。中西部矿井大规模开采时间晚(山西省除外),地质条件简单,造成小煤窑众多,所以,遗煤类型以小窑破坏遗煤为主。

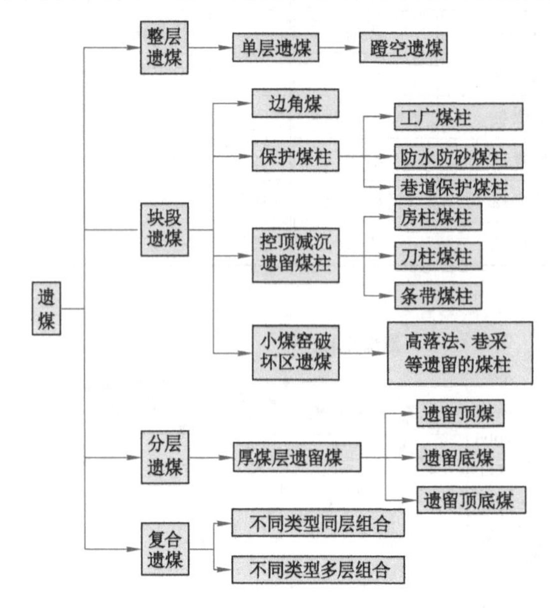

图 1-5　遗煤赋存类型

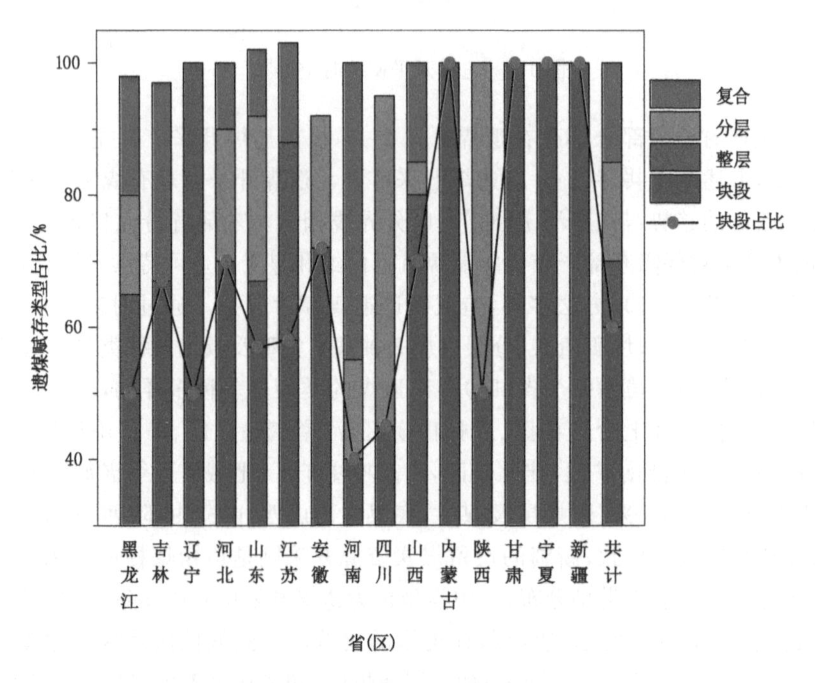

图 1-6　各省(区)遗煤赋存类型的分布(示意图)

以上统计分析表明，我国煤炭开采历史悠久、开采方法多样，造成遗煤赋存复杂，可划分为整层、分层、块段及复合遗煤4类，其中以块段遗煤分布最广。受开采历史和地质条件影响，我国东部遗煤类型多于中西部，以边角煤和保护煤柱为主，中西部则以小煤窑破坏遗煤为主。

第 2 章　山西省遗留煤炭资源赋存

中华人民共和国成立以来，随着我国经济建设的发展，山西成为我国以煤炭、冶金矿产、化工等为代表的能源基地，特别是煤炭，为国家建设发挥了历史性的作用。山西的煤炭不仅关系到本省的产业和经济发展，涉及社会和民生问题，还与全国的能源供应和能源安全息息相关。山西省煤炭经过多年大规模开采或程度不同的无章开采之后，遗留下残留煤、边角煤、薄煤难采层，这些被废弃的煤炭被压覆在地下，加上采空区难以治理，形成了资源浪费、环境恶化等一系列影响煤炭工业可持续发展的问题，影响了全省煤炭工业的科学发展。在能源安全和环境保护并重的当下，山西压覆煤炭资源（残留煤、边角煤、薄煤难采层）的回收利用问题需要有系统的研究。山西在煤炭整合中提出，为了推广煤炭企业清洁生产，实现规模以上煤炭企业循环模式的普及目标，必须把培育生态型煤炭企业作为循环经济的基础工程，以提高资源能源的利用效率、减少废物排放为主要目标，努力构建全新的循环型企业体系。而残留煤、边角煤、薄煤层等压覆煤炭资源的回收利用问题，是应当考虑解决的问题之一。

2.1　山西省遗留煤炭资源赋存情况

山西省矿井数量在 1949 年为3 676 处，经过大规模建设，到 1997 年达到最高峰，为 10 971 处，伴随而来的是煤炭资源的浪费和环境的污染。随着安全整治、整合重组和去产能等的推进，目前年生产能力 90 万 t 以下的煤矿已关闭。2016—2020 年，山西省共关闭煤矿 138 座，退出产能 10 889 万 t。中国工程院重大咨询项目调研统计表明，1949—2012 年，我国井工开采方式下累计遗留煤炭资源总量达 582.7 亿 t，山西省占比 20.59%，居全国首位，如图 2-1 所示。2014—2018 年，山西关闭矿井 118 座，废弃矿井遗留煤层气（abandoned mine methane，AMM）资源量预估 103 亿 m^3，占全国 AMM 预计总量的 50%以上，将成为我国废弃矿井瓦斯二次利用的重点省份。另外，山西省国土资源厅发布的《山西省煤炭采空区煤层气资源调查评价报告》显示，目前山西省采空区面积 5 000 km^2 以上，具有开发价值的约 2 052 km^2；预测残余煤层气资源量约 726 亿 m^3。其中，7 个瓦斯含量较高的矿区（西山、阳泉、武夏、潞安、晋城、霍东、离柳）内，采空区面积约 870 km^2，预测煤层气资源量 303 亿 m^3，部分地区资源相对富集，值得开发利用。

面对关闭、废弃矿井中遗留蕴藏的大量煤炭、煤层气与地上地下空间等资源，山西省关闭、废弃矿井开发利用现状体现为“三多两少”——废弃矿井数量多、遗留资源种类多、闭坑次生隐患多，科学规划设计少、精准开发案例少。就遗留煤层气资源而言，仅开展了部分基础理论研究和先期工业试验。目前，晋煤集团先后在晋城、西山、阳泉、晋中等矿区施工废弃矿井煤层气抽采井 135 口，目前运行 55 口，日抽采量为 9.4 万 m^3，累计利用气量约 1.3 亿 m^3；

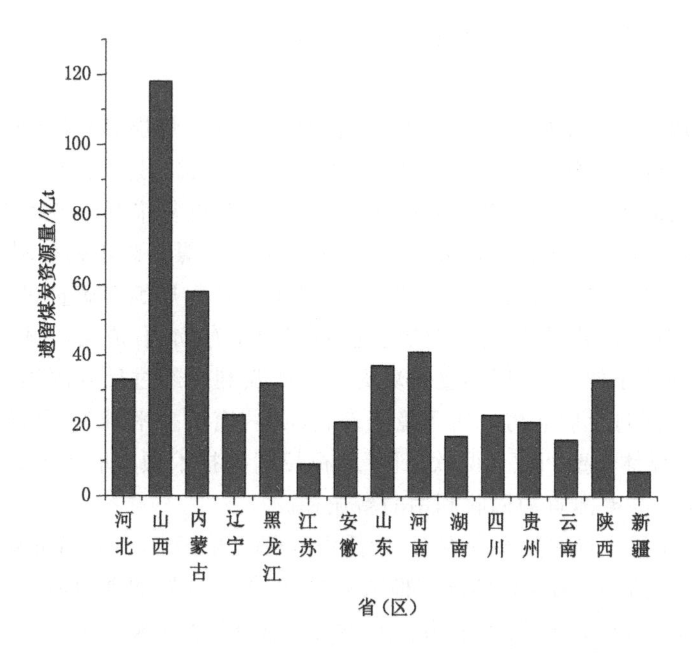

图 2-1　2014—2018 年全国井工开采遗留煤炭资源统计

蓝焰集团牵头承担的山西煤基(煤层气)重点科技攻关项目“关闭煤矿采空区地面煤层气抽采技术研究及示范”实施 27 口关闭、废弃矿井采空区煤层气井建设,15 口井完成设备安装运行,单井日均产量 1 155 m^3,截至 2016 年年底,累计抽采利用煤层气约 1 700 万 m^3。国内对煤层气的利用主要依赖正在开采矿井的瓦斯抽排系统,虽然有些矿区进行了地面钻孔排采利用,但真正意义上的废弃矿井遗留煤层气综合治理利用产业化尚属空白。

为实现关闭、废弃矿井遗留能源资源的精准开发利用,在机制上,山西省采取揭榜挂帅式的科技创新新探索,从“路径依赖”转向“模式创新”,规避人才与技术基础劣势,让全球范围内的智力资源与创新资源服务于自身高质量转型发展。揭榜挂帅制推动“政产学研用金”协同创新,为山西众多的关闭、废弃矿井开发利用提供智力支持,量身打造实施方案,让大学成为关闭、废弃矿井开发利用从理论至应用的科研主战场。在标准方面,由山西省应急管理厅提出、蓝焰集团等单位起草的山西省地方标准《煤矿采空区(废弃矿井)煤层气地面抽采安全规范》于 2019 年初推出征求意见稿,该标准规定了煤矿采空区(废弃矿井)煤层气地面抽采的钻井井位及层位选择、场地设备安装等要求,可用于指导山西省辖区内煤矿采空区(废弃矿井)煤层气地面抽采的安全管理工作。在政策方面,2019 年年底山西省自然资源厅与能源局一同下发了《关于开展煤炭采空区(废弃矿井)煤层气抽采试验有关事项的通知》,明确了开展煤炭采空区(废弃矿井)煤层气抽采试验,有效开发利用采空区煤层气资源,是山西省能源革命综合改革试点的一项重要任务。

综上所述,山西省关闭、废弃矿井遗留煤炭、煤层气、地下空间等资源禀赋优势突出,在政策、标准、机制等多方面为推动关闭、废弃矿井遗留能源资源的精准开发利用提供了坚实基础。

2.2 晋城矿区遗留煤炭资源赋存情况

晋城市是一座以煤为主的资源型城市，主采 3[#]、9[#]、15[#] 煤层，随着开采深度的加大，煤炭资源逐步减少。煤炭资源的不可再生性使优化开采工艺成为迫切需要，其中，诸多煤矿煤炭资源日渐枯竭，而 3[#] 煤层作为其中最优质的煤种层，改进复采开采技术至关重要。进入 20 世纪 90 年代以来，受周边小煤窑掠夺性开采的影响，3[#] 煤资源迅速枯竭。2000 年年初，3[#] 煤可采煤量不足百万吨。在接替矿井无着落、9[#] 和 15[#] 煤层因含硫量过高而暂不适宜开采的情况下，如何延长矿井服务年限、解决企业职工的生存问题，成为晋城煤矿企业必须面对的现实问题。在此条件下，下层弃置煤炭资源的回收利用经过反复的理论研究和生产实践表明了可行性。通过克服恶劣地质环境条件、攻克一道道技术难关，目前在 3[#] 煤底层复采、3[#] 煤矿柱残留煤体长壁回收、“两软一硬”顶板控制等技术领域取得了突破性进展，并成功应用，探索出了一条弃滞资源回收利用的新途径。

晋城矿区 3[#] 煤层平均厚度 6 m 左右，为低中灰（A_d 为 10.45%）、特低硫（0.35%）、高热值（31.44 MJ/kg）无烟煤，属宝贵的国家稀缺资源，可作为良好的动力用煤和一级合成氨用煤及气化用煤，具有较强的市场竞争力。9[#] 煤层总体赋存不太稳定且含硫较高（一般为 0.96%～2.13%）。15[#] 煤层平均含硫量一般为 2.09%～3.7%，为高灰高硫煤层。从煤炭销售上来看，硫的含量直接决定销售价格，特别是近年来国家环保政策越来越严，限制高硫煤的开采，鉴于现有的脱硫技术复杂、成本高昂，开采 15[#] 煤层的煤矿企业在艰难生产中，难以摆脱经济效益低下、入不敷出的尴尬境地。复采 3[#] 煤与 9[#]、15[#] 煤进行配采，将硫含量降至 1%以下，销售吨价可提高 100 元，既可延长矿井寿命，又可提高煤炭经济效益。因此，做大做强做优晋城煤炭产业，必须在精采细采 3[#] 煤上做文章，推动全市煤炭工业可持续发展。

晋城市 2011—2021 年原煤产量、遗煤量及累计遗留煤量如图 2-2 所示。如图 2-2 所示，晋城煤炭资源丰富，无烟煤储量占全国的 1/4，煤层气储量占全国的 1/5，自 2019 年开始原煤年产量稳定在 1.1 亿 t 左右。在维持着高煤炭产量的同时，大量的遗留煤炭留存于井下，大量资源被浪费，晋城每年遗留煤炭资源均在 0.2 亿 t 以上；仅 2011—2021 年期间，晋城市遗留煤炭量就达 3.3 亿 t 以上。遗煤有着整层遗煤储量较大、回采方便、开采较为经济、开采价值大等特点。故有必要对遗留煤炭资源进行安全高效复采，减少煤炭资源浪费，提高资源回收率，节约企业开采成本，保持煤炭产业的可持续发展与煤炭供需平衡。

历史上晋城市煤矿均采用过的房柱式开采方法，安全系数低，开采风险大。采用落后采煤方法的煤层开采高度不足 2.5 m，造成 3.5 m 左右的煤被遗弃井下，导致了优质无烟煤的浪费和流失。即便在当前采用机械化采煤工艺，也依然存在留设煤柱丢煤、采出率低等问题。比如，采用壁式采煤方法，晋城市多数煤矿煤柱留设约 20 m，按工作面顺槽 1 500 m 计，每回采两个工作面丢煤 20 万 t 以上。但换个角度分析，遗留资源若能进行回收，借现阶段的装备优势、技术优势和人才优势进行复采，一方面可实现工作面开采煤量最大化，另一方面则能有效提升经济效益，为发展煤炭产业、稳定煤炭的基本面提供了宝贵机遇。同时，《中华人民共和国煤炭法》规定，开采煤炭资源必须符合煤矿开采规程，遵守合理的开采顺序，达到规定的煤炭资源采出率。煤炭资源采出率由国务院煤炭管理部门根据不同的资源和开采条件确定，国家鼓励煤矿企业进行复采或者开采边角遗煤和极薄煤。

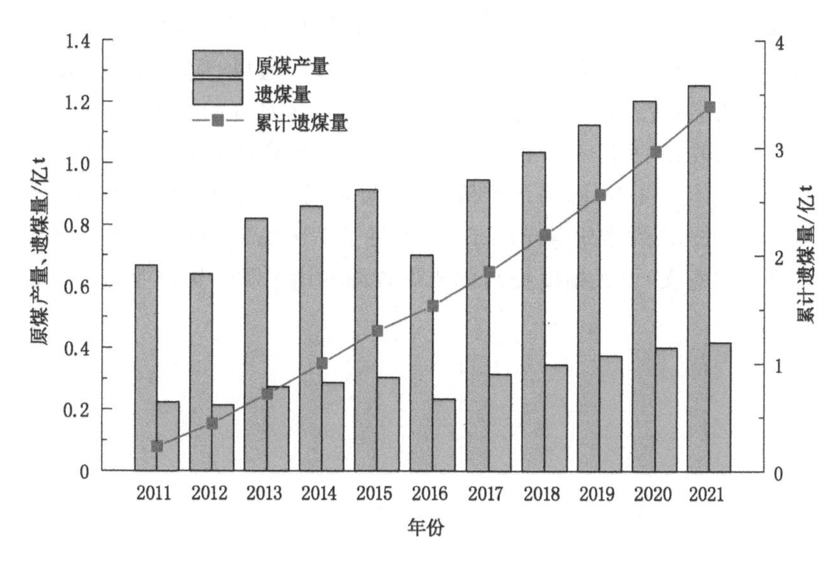

图 2-2　晋城市 2011—2021 年原煤产量、遗煤量及累计遗留煤量

衰老矿井进行老空区遗留资源开采，不仅能提高资源采出率，而且可以延长矿井服务年限，有利于矿区生产可持续，符合国家的政策要求。煤炭行业系高危行业，是国民经济行业几个为数不多以限制性指标为考核的行业。煤炭开采受水、火、瓦斯、煤尘、顶板等灾害的影响，追求系统简单化是实现煤矿安全生产的前提和基础。资源不连片，采场破坏严重，现场难管理，系统难管理，特别是进行剩余煤回收，工作面煤壁片帮、端面冒漏、矿山压力显现不规律及支架适应性差等因素在不同程度上限制了遗煤复采的发展，严重影响煤矿安全生产。在当前深入践行新发展理念的大背景下，一旦控制不好引发事故，则事与愿违。正是在这种情况下，遗煤回收没有大规模、大范围实施。这也同时给我们提供了良好的发展动力，保守估计晋城矿区 3# 煤的遗留煤炭资源储量在亿吨级以上。若对这部分资源进行再回收，以回收率 50%计，也是一笔不少的可靠收入。遗留煤炭资源的复采不但可使我国有限的资源得以充分挖掘，而且能够实现煤炭工业的可持续发展，促进地方经济的繁荣和发展，对我国煤炭工业持续、健康的发展具有重要意义。

遗留资源开采从理论上讲，目前技术是成熟的，最主要的问题在于在开采的过程中要在安全防控上下功夫。遗留资源开采同整装煤田一样，同样需要分盘区、划区段、布置工作面进行开采，只要采取措施得力，安全防控措施得力，在目前的情况下能够做到安全开采。从实践上看，晋城市地方监管煤矿中已有矿井进行了试探性论证，个别矿井已取得了成功。以山西兰花集团莒山煤矿有限公司为例，该矿于 1958 年建矿，1961 年正式投入生产，批准开采 3#～15# 煤层，现采 3# 煤层，煤层平均厚度为 6.0 m，同时建设 9#、15# 煤层，井田面积为 9.016 km^2。莒山矿曾在 1970—1985 年采用矿柱采煤法开采了一采区、二采区、四采区和三采区的南翼，受当时回采技术的限制，对 3# 煤层仅仅间隔性地开采了上部约 3 m 厚的煤层，下部约 3 m 厚煤炭资源被丢弃，当时该矿煤炭资源采出率仅 30%左右。十几年期间，动用储量 1 171 万 t，其中，采动 586 万 t，遗留 585 万 t。加之受周边小煤窑掠夺性开采的影响，3# 煤层无法布置正规采煤工作面。同时受各种因素干扰，接替矿井迟迟没有着落，使得 3 000 余名职工及家属的正常工作和生活受到严重影响。为此，该矿早在 2001 年，就提出了开采 3# 煤层矿柱下遗留煤炭资源计划，2002 年与科研院校合作，编制完成了一采区复采设计，开始进行采区巷道施工。2004 年年底，形成了生产、通风、运输、供电、排水系统，完成了复采综采工作面设备选型及“三机”配套工作，2005 年 4 月开始试生产。自 2005 年开始，至 2017 年 12 月已成功回收 32 个工作面，回收 3# 煤遗留煤炭资源 461 万余吨，吨煤直接成本 346.91 元，综合成本 564.8 元，新增产值 32 亿余元，资源回收率由原矿柱工作面的 30%提高到 85%以上，延长 3# 煤层服务年限 12 a，保持了矿区稳定、和谐发展。因此，遗煤复采对晋城矿区具有重要意义，可大幅度提高优质煤资源利用率和煤炭企业经济效益。

第 3 章　遗留煤炭资源开发重要意义

3.1　遗留煤炭资源复采经济效益评价

我国的能源资源禀赋条件为“富煤、缺油、少气”，2020 年煤炭消费量占能源消费总量的 56.8%，天然气、水电、核电、风电等清洁能源消费量仅占 24.3%；2021 年煤炭消费量占能源消费总量的 56.0%，清洁能源消费量占能源消费总量的 25.5%。当前，我国的能源需求仍呈增长趋势，尽管煤炭在能源消费总量中的占比不断下降，但可再生能源短期内难以大规模替代传统化石能源，煤炭仍将是我国能源供应的压舱石和稳定器。长期以来，煤炭作为我国的基础能源和重要的工业原料，有力地支撑着国民经济的发展，维系着国民经济的安全，为国民经济建设做出了卓越贡献。煤炭的用处主要体现在以下方面：

(1) 发电用煤。中国约 1/3 以上的煤用来发电，平均发电耗煤为标准煤 370 g/kW · h 左右。电厂利用煤，把热能转变为电能。

(2) 蒸汽机车用煤。其占动力用煤 3%，蒸汽机车锅炉平均耗煤指标为 100 kg/(万 t · km) 左右。

(3) 建材用煤。其约占动力用煤的 13%，以水泥用煤量最大，然后是玻璃、砖、瓦等。

(4) 一般工业锅炉用煤。除热电厂及大型供热锅炉外，一般企业及取暖用的工业锅炉型号繁多，数量大且分散，用煤量约占动力煤的 26%。

(5) 生活用煤。生活用煤的数量也较大，约占燃料用煤的 23%。

(6) 冶金用动力煤。冶金用动力煤主要为烧结和高炉喷吹用无烟煤，其用量不到动力用煤量的 1%。

(7) 炼焦煤的主要用途是炼焦炭。焦炭由焦煤或混合煤高温冶炼而成。焦炭多用于炼钢，是钢铁等行业的主要生产原料，被喻为钢铁工业的基本食粮。

煤炭开发对 GDP 增长的贡献率可分为煤炭开发对 GDP 总量的贡献率和煤炭开发对 GDP 增量的贡献率两种。① 煤炭开发对 GDP 总量的贡献率，定义为煤炭开发行业增加值总量与 GDP 总量的比值；② 煤炭开发对 GDP 增量的贡献率，定义为煤炭开发行业增加值增量与 GDP 增量的比值。

煤炭利用对 GDP 增长的贡献率也分为煤炭利用对 GDP 总量的贡献率和煤炭利用对 GDP 增量的贡献率两项。① 煤炭利用对 GDP 总量的贡献率，定义为煤炭利用行业工业增加值总量与 GDP 总量之比；② 煤炭利用对 GDP 增量的贡献率，定义为煤炭利用行业工业增加值增量与 GDP 增量之比。煤炭利用行业众多，电力、冶金、化工、建材行业作为主要的煤炭利用行业，消费的煤炭占全部煤炭的 85%以上。

我们根据中国矿业大学陆刚博士的论文《衰老矿井残煤可采性评价与复采技术研究》中

对遗煤开采的研究，结合永安煤矿的复采现状进行了遗留煤炭资源的开采经济型评价。

3.1.1 基于煤炭资产价值的可采性评价方法

在煤炭资源价值构成、可采性评价分析的基础上，根据“费用-效益”分析法原理，可构建基于煤炭资源价值的可采性评价方法，见式(3-1)、式(3-2)：

动态：

$$P_t - C_t - R - E_C \geqslant 0 \tag{3-1}$$

静态：

$$P_t - C_t - D - E_C \geqslant 0 \tag{3-2}$$

式中 P_t——回采1单元煤炭资源的平均售价，元；

C_t——回采1单元煤炭资源的经营成本，元；

R——吨煤的资本费用，元；

D——吨煤基本折旧额(包括井巷工程费)，元；

E_C——吨煤环境补偿费用，元。

(1) 吨煤资本费用 R

吨煤资本费用 R 的计算公式见式(3-3)：

$$R \approx T_c\left(\frac{A}{P}, r_s, n\right) \tag{3-3}$$

式中 A——年金，元。

P——评估值，元。

r_s——s 年的折现率。

n——项目生产期，a。

$\left(\frac{A}{P}, r_s, n\right)$——资金回收系数，计算公式见式(3-4)：

$$\left(\frac{A}{P}, r_s, n\right) = \frac{r_s(1+r_s)^n}{(1+r_s)^n - 1} \tag{3-4}$$

T_c——矿井吨煤投资，元/t。T_c 计算公式见式(3-5)：

$$T_c = \frac{K}{Q} = \sum_{t=0}^{s-1} \frac{I_{P_t}(1+r_s)^{s-1}}{(1+r_s)^t Q} \tag{3-5}$$

式中 K——矿井全部投资，即建设期内各年的投资，元；

I_{P_t}——资金按时间因素折算到基建结束之和，元；

Q——矿井年产量，t。

(2) 吨煤经营成本 C_t

经营成本包括采煤工作面生产成本、增值税、资源税、城市维护建设税、教育费附加等。

(3) 吨煤环境补偿费用 E_C

其计算公式见式(3-6)：

$$E_C = E_{C_1} + E_{C_2} \tag{3-6}$$

式中 E_{C_1}——生态破坏损失，元；

E_{C_2}——环境污染损失，元。

煤炭资源开发环境损失分为生态破坏损失和环境污染损失。

生态环境破坏损失包括直接损失、间接损失和恢复费用，狭义的生态破坏损失核算仅涉及土地的破坏，包括耕地、林地、草地和水（$i=1,2,3,4$，分别表示林地、耕地、草地和水资源），计算公式见式(3-7)：

$$
\begin{aligned}
E_{C_1} &= \sum_{i=1}^{n} E_{L_i} = \sum_{i=1}^{n} E_{DL_i} + \sum_{i=1}^{n} E_{IL_i} + \sum_{i=1}^{n} E_{RL_i} = E_{C_{11}} + E_{C_{12}} + E_{C_{13}} \\
&= E_{DLF} + E_{DLE} + E_{DLG} + E_{DLW} + E_{ILF} + E_{ILE} + E_{ILG} + E_{ILW} + E_{RLF} + E_{RLE} + E_{RLG} + E_{RLW}
\end{aligned}
\tag{3-7}
$$

式中 E_{L_i}——森林、耕地、草原和水资源的生态损失，元；

$E_{C_{11}}$——直接损失，元；

$E_{C_{12}}$——间接损失，元；

$E_{C_{13}}$——恢复费用，元；

E_{DL_i}——单位煤炭产量第 i 种资源的直接生态损失，元/t；

E_{IL_i}——单位煤炭产量第 i 种资源的间接生态损失，元/t；

E_{RL_i}——单位煤炭产量恢复第 i 种资源的费用，元/t；

E_{DLF}——单位煤炭产量林地资源直接损失，元/t；

E_{DLE}——单位煤炭产量耕地资源直接损失，元/t；

E_{DLG}——单位煤炭产量草地资源直接损失，元/t；

E_{DLW}——单位煤炭产量水资源直接损失，元/t；

E_{ILF}——单位煤炭产量林地资源间接损失，元/t；

E_{ILE}——单位煤炭产量耕地资源间接损失，元/t；

E_{ILG}——单位煤炭产量草地资源间接损失，元/t；

E_{ILW}——单位煤炭产量水资源间接损失，元/t；

E_{RLF}——单位煤炭产量恢复受损林地费用，元/t；

E_{RLE}——单位煤炭产量恢复受损耕地费用，元/t；

E_{RLG}——单位煤炭产量恢复受损草地费用，元/t；

E_{RLW}——单位煤炭产量恢复受损水资源费用，元/t。

环境污染损失主要包括大气污染、水污染和农田污染（主要是由“三废”造成的）的损失。这三者造成的损失直接用消除或减轻（达到国家标准）这些污染所花费的工程费用来计量。其计算公式见式(3-8)：

$$
E_{C_2} = \sum_{i=1}^{n} P_{L_i} = P_{L_A} + P_{L_W} + P_{L_S} \tag{3-8}
$$

式中 P_{L_A}——单位煤炭产量的空气污染损失，元/t；

P_{L_W}——单位煤炭产量的水污染损失，元/t；

P_{L_S}——单位煤炭产量的农用污染损失，元/t。

煤炭资源开采环境价值的评估方法有直接市场评价法、替代市场评价法和意愿价值评估法三类。直接市场评价法包括生产力变化法、人力资本法、机会成本法、重置成本法、影子工程法等。替代市场评价法包括内涵资产价值法、工资差额法、旅行费用法、防护支出法等。意愿价值评估法包括投标博弈法、比较博弈法、无费用选择法、优先性评价法、专家调查法等。环境价值评估的方法较多，各方法有其本身的特征，其适用类型和范围也不同，主要评估方法的特征如表 3-1 所示。

表 3-1　环境价值主要计量方法的特征

环境价值评估方法	主要适用范围	基本假设	关键词	实用性评价
内涵资产价值法	工厂附近的噪声污染；市区空气质量	房屋市场是完全竞争市场	内涵价值函数	潜在适用
旅游费用法	户外旅游地；生物保护	旅游者的 WTP(意愿支付)可以通过旅游支出反映出来	到访率和旅游花费	选择性适用
防护支出法	空气污染；水污染	环境服务功能具有完全替代品	预防性行为支出	一般适用
生产力变化法	农作物损失；渔业损失	生产力变化能够对供给曲线产生影响	供给曲线改变对市场价格和产量的影响	一般适用
人力资本法	生命价值	生命价值可以用收入损失衡量	生命期望和收入损失	一般适用
工资差额法	生命价值	劳动力市场是完全竞争市场	内涵工资函数	潜在适用
意愿价值评估法	旅游地的情感使用价值；观赏；休憩型水环境价值	调查中 WTP 的表达可以反映实际进价价值	通过调查获得的有意义的 WTP	一般适用

按照环境损失的性质，将环境影响分为生产力影响、健康影响、舒适性影响和存在价值影响四大类。针对不同的环境影响，应尽可能选择恰当的计量方法。

3.1.2　遗留煤炭经济可采性评价方法

矿井遗煤资源开采对生态环境资源价值的影响可分成两种情形。一种是遗煤资源开采在老采空区回采遗留煤炭资源，生态环境破坏已经形成，再次开采只会部分造成生态环境的破坏，涉及直接损失、间接损失、生态恢复费用和环境污染等。另一种就是与初次采动影响一样破坏耕地、水、大气等。因此，遗煤资源开采对环境资源价值的影响见式(3-9)：

$$E_{C_{遗}} = f_1 \cdot E_{C_1} + f_2 \cdot E_{C_2} \tag{3-9}$$

式中　E_{C_1}——生态破坏损失，元；

E_{C_2}——环境污染损失，元；

f_1、f_2——生态影响系数，$0 < f_1 \leqslant 1, 0 < f_2 \leqslant 1$。

因此，遗煤资源复采经济可采性评价公式如下：

动态：

$$P_i - C_i - R - (f_1 \cdot E_{C_1} + f_2 \cdot E_{C_2}) \geqslant 0 \tag{3-10}$$

静态：

$$P_i - C_i - D - (f_1 \cdot E_{C_1} + f_2 \cdot E_{C_2}) \geqslant 0 \tag{3-11}$$

关于遗煤经济可采性评价方法的说明如下：

(1) 遗煤资源开采与普通煤炭资源开采相比，其赋存环境复杂、投入大、生产成本较高，生产经营费用 C_i 的计入，体现了经济效益的原则。

（2）遗煤资源的单元一般规模较小，回采时间较短，多数工作面的开采集中在 1 年的时间范围内，因此评价周期短，回采期间售价、成本等指标一般差异不大，实际计算分析时，可采用静态的售价、成本等。

（3）把煤炭资源开采对生态环境的影响分成生态破坏损失和环境污染损失，生态破坏损失和环境污染损失构成了煤炭资源开采的环境补偿费用，体现了煤炭开采的环境资源价值。

（4）生态影响系数的引入，说明复采对生态环境破坏损失减弱，从环境保护和资源保护的角度，提高了遗煤资源复采可采性，使得遗煤资源能够最大限度回采，提高矿井的采出率，体现了保护资源的原则。

（5）复采煤炭资源造成部分生态环境的破坏，是在已经被破坏的生态环境下回收煤炭资源，如在塌陷区下复采，实际是节约能源的行为，同时，尽最大可能减少对环境的破坏，因此，复采是“节能减排”行为，是符合国家能源政策的。而衰老矿井大多资源条件差、安全条件恶劣，从国家鼓励节能减排、保护环境和节约资源的角度，国家应该采取补贴或更大幅度减税的方式，鼓励企业复采遗煤。

3.2　遗留煤炭资源复采社会效益

煤炭是我国的基础能源和重要工业原料，为国民经济和社会发展提供了可靠的保障。对遗留煤炭资源进行复采，不仅将给企业带来经济效益，也将给社会带来社会效益。

（1）节约煤炭资源，缓解国家能源困难问题

能源安全是关乎一国经济社会发展全局的战略性问题，对国家繁荣发展、人民生活改善、社会长治久安至关重要。我国富煤、贫油、少气的能源资源禀赋特点决定了煤炭的主体能源地位短期内不会发生根本性变化。而煤炭资源属于不可再生资源，对衰老矿井遗煤的复采，可最大限度回收煤炭资源，有利于煤炭资源的保护。

（2）提高矿井服务年限，缓解采掘关系紧张局面

长期以来，煤炭作为我国的基础能源，为国家经济社会发展做出了重要贡献。随着多年高强度开采，山东、河南、河北、安徽及东北三省等老煤炭产区，普遍面临着资源枯竭、矿井衰老、生产经营困难加剧等问题，大规模转产、转移压力越来越大。目前，除实施政策性关闭破产的衰老矿井外，我国有重点煤矿新增需要关闭退出的矿井约 130 处。以山东省为例，目前，衰老矿井占山东矿井总数的 68%，最短的只有 2 年可采年限，10 年内将有约 30%的矿井关闭，20 年内将有约 70%的矿井关闭。

衰老矿井剩余服务年限不足，缓解矿井生产接替紧张局面，成规模可采资源基本枯竭，都是老煤炭产区企业生产经营需解决的问题。同时开采时间长了，矿井安全问题会越来越严重，后续工人的安置问题也会出现，给企业带来负担。遗煤资源复采可暂时解决企业无煤可采的燃眉之急。矿井进入衰老期后，很难布置正规工作面，掘进工作量增大，生产组织和布置日趋困难，复采可利用原有生产系统，实现少掘巷道多出煤，使矿井采掘关系日益紧张的局面得以缓解。

（3）帮助矿井转型过渡，实现可持续发展

矿井进入衰老阶段后，大多矿井面临的现实问题是闭坑破产，我国目前还没有建立矿井衰老治理机制。在化解过剩产能的背景下，很多矿井被政策性关停，接替产业又出现断层，

出现了发展困局。由于政策配套不到位、地方政府接收难度大等，绝大部分政策性关闭破产煤矿的社会职能未能移交，关闭破产煤矿人员的社保没有分户，工伤、医疗等险种封闭运行，难以纳入社会统筹。多数矿井会在集团公司的安排下进行矿井接替或转产，这都需要一定时间。因此，遗煤复采可最大限度为矿井接替或转产争取宝贵的缓冲时间。

(4) 保障职工生活，为社会稳定做贡献

生产矿井进入衰老期，产量下降，生产及管理需要的职工人数逐步减少，造成了职工冗余。因此，衰老矿井面临的最大难题就是职工生活问题——职工工资如何保障，如何稳定人心。在没有合适的矿井接替或转产之前，要立足矿井遗煤资源，尽最大可能精采细收，保障职工生活，维持企业职工稳定，再逐步分流或转移，为社会稳定做贡献。

钱鸣高院士提出科学采煤的5个主要方面：煤炭生产机械化、煤炭生产与环境保护、矿井矸石与利用、煤矿安全生产和提高资源采出率。而且钱院士进一步指出煤炭科学开采的主要体现：一是安全生产，二是提高资源采出率，三是保护环境，四是机械化开采以提高效率。若不在这些方面进行加强，必然不是科学采矿，而是在利益驱动下的野蛮采矿。可见，衰老矿井遗煤资源复采是科学采矿的重要内容之一。

(5) 推进煤炭资源开发，推动与生态环境保护相协调

人们生活质量不断提高的同时，越来越多的环境问题不断地困扰着人们，例如沙尘天气的连年增加等，这引起了人们的关注。企业由于依托自然环境而存在，经营活动无时无刻不在影响着自然环境，尤其是资源型企业，如煤炭企业。煤炭是我国一次性能源中消耗最多的，因此社会公众对于煤炭企业在环境保护方面提出了更高的要求。为了发展持续，煤炭企业必然要采取措施保护环境，这就使得企业发生的环境成本不断增加，同时把环境成本计入产品成本的呼声也在逐年高涨。同时国家能源局也强调鼓励针对关闭煤矿进行瓦斯监测和综合利用技术等的研究，煤炭企业对遗留煤炭资源进行复采，可以帮助其更好地承担社会责任，能够促进其可持续发展。

(6) 增加相关人员就业岗位，扩大就业

自从政府提出去产能，2014年至今，各个企业也都采取了各种途径进行人员分流安置，虽然精简了部分人力，但是其中所存在的问题也越发突出，更需要对这些问题有针对性的解决方案。面对如此严峻的经济和就业形势，山西煤炭行业的就业风险已然凸显。在煤炭行业，一线矿井工人的工作主要包括爆破、采煤机挖掘、修建支护顶板、回采等，这些技能主要适用于采掘行业，想改行比较困难。一旦煤炭企业破产倒闭，劳动者将面临失业，其被锁定的专业技能使得再就业难度高，增加失业风险。煤炭企业对遗留煤炭资源进行复采，将带来大量的采掘人员及其他人员就业岗位，为解决当前煤炭行业及社会失业问题提供帮助。

第1篇参考文献

[1] 邓存宝. 煤的自燃机理及自燃危险性指数研究[D]. 阜新:辽宁工程技术大学,2006.
[2] 段振虎. 煤矿采煤方法与技术分析[J]. 能源与节能,2014(9):148-149,160.
[3] 冯国瑞,李剑,戚庭野,等. 我国遗煤复采方式与矿压控制研究进展[J]. 山西煤炭,2022,42(1):1-8.
[4] 冯国瑞,杨文博,白锦文,等. 非等宽复合柱采区中部遗煤开采可行性分析[J]. 采矿与安全工程学报,2021,38(4):643-654.
[5] 冯国瑞,张玉江,白锦文,等. 遗留煤炭资源开采岩层控制研究进展与发展前景[J]. 中国科学基金,2021,35(6):924-932.
[6] 冯国瑞,张玉江,戚庭野,等. 中国遗煤开采现状及研究进展[J]. 煤炭学报,2020,45(1):151-159.
[7] 韩德军. 煤矿开采技术发展方向刍议[J]. 江西煤炭科技,2009(2):53-54.
[8] 黄贵庭,刘新宏. 煤炭资源回收利用途径的探索与实践[J]. 山西煤炭,2006,26(4):12-14.
[9] 霍永鹏. 煤与瓦斯突出矿井采掘衔接优化研究[J]. 能源与节能,2019(12):17-18.
[10] 康红普,徐刚,王彪谋,等. 我国煤炭开采与岩层控制技术发展 40 a 及展望[J]. 采矿与岩层控制工程学报,2019(2):1-33.
[11] 孔憼. 突出矿井抽掘采平衡评价研究[D]. 贵阳:贵州大学,2016.
[12] 刘峰,曹文君,张建明,等. 我国煤炭工业科技创新进展及"十四五"发展方向[J]. 煤炭学报,2021,46(1):1-15.
[13] 刘小磊,闫江伟,刘操,等. 废弃煤矿瓦斯资源估算与评价方法构建及应用[J]. 煤田地质与勘探,2022,50(4):45-51.
[14] 陆刚. 衰老矿井残煤可采性评价与复采技术研究[D]. 徐州:中国矿业大学,2010.
[15] 孟宪锐,吴昊天,王国斌. 我国厚煤层采煤技术的发展及采煤方法的选择[J]. 煤炭工程,2014,46(10):43-47.
[16] 王剑光. 采煤法现状及发展趋势[J]. 煤矿安全,2004,35(6):28-30.
[17] 武强,赵苏启,孙文洁,等. 中国煤矿水文地质类型划分与特征分析[J]. 煤炭学报,2013,38(6):901-905.
[18] 息金波,杨光. 小煤矿采空区遗煤复采技术研究[J]. 煤炭工程,2015,47(9):11-14.
[19] 谢和平,王金华,王国法,等. 煤炭革命新理念与煤炭科技发展构想[J]. 煤炭学报,2018,43(5):1187-1197.
[20] 袁亮,杨科. 再论废弃矿井利用面临的科学问题与对策[J]. 煤炭学报,2021,46(1):16-24.

[21] 张文斌,吴基文,翟晓荣,等.闭坑矿井矿界煤柱采动损伤及其安全性评价[J].工矿自动化,2020,46(2):39-44.
[22] 张永红.煤矿遗留三号煤层开采现状分析[J].山西能源学院学报,2018,31(4):49-50.

第2篇

矿井遗留煤炭资源安全高效开发技术

第 4 章　遗留煤炭资源储量估算

4.1　储量计算必要性

钱鸣高院士提出科学采煤的 5 个主要方面：煤炭生产机械化、煤炭生产与环境保护、矿井矸石与利用、煤矿安全生产和提高资源采出率。若不在这些方面进行管理，必然不是科学采矿，而是在利益驱动下的野蛮采矿。而且钱院士进一步指出煤炭科学开采的主要体现：一是安全生产，二是提高资源采出率，三是保护环境，四是机械化开采以提高效率。可见，提高资源采出率仍然是煤炭资源开发的重要待优化内容之一。而且，每一对矿井资源的开发利用都应时刻抱着提高采出率的思想，无论是生产矿井、衰老还是闭坑矿井，其中遗煤资源复采也是科学采矿的重要内容之一。

为了实现“节约资源、保护环境，构建与社会主义市场经济体制相适应的新型煤炭工业体系”的目标，我国开展和优化了全局和局部的煤炭资源开发利用格局。时至今日，我国的能源格局还是呈现煤炭能源为主体，煤炭总量丰富和区域短缺并存、优质稀缺煤种紧缺的现状，而衰老矿井遗留有丰富的稀缺煤种资源，该部分资源可以增强煤炭资源的区域调配能力，提高部分地区生产采出率和综合利用率，对矿区附近的水资源、生态资源等绿色元素实现“零”损害。因此，衰老矿井遗煤资源复采相关问题的研究具有重要的理论意义和现实意义，而矿井复采煤炭资源评价模型又是这项工作的重中之重。

矿井复采煤炭资源评价模型建立的过程中，依据不同的数据种类和丰富程度从两条不同方向的路线进行资源储量分析。受此启发，根据不同的数据获取方法，本书将采用两条不同的研究路线对废弃矿井遗煤资源储量进行统计分析，以期待达到正确、高效地建立对遗煤资源的储量模型的目的。其中，质量守恒法在翔实的矿井基础资料的基础上，对煤炭资源进行定量分析，最终得到遗煤资源储量。情景模拟法(情景再现法)是在缺乏全面的基础资料的条件下，在理想状态下进行矿井遗煤资源储量统计，最终为废弃矿井遗煤资源储量模型的建立做好基础工作。在工程实施背景方面，山西省废弃矿井数量多、遗留资源种类多、闭坑次生隐患多，科学规划设计少、精准开发案例少的现状不可不重视，可以为全国提供多复合因素叠加的工程案例。以山西省永安煤矿的生产现状为例进行分析，可为全国的煤炭资源开发提供模板。

4.2　质量守恒法

自矿井开发建设时期起，至废弃矿井闭井时期，再至废弃矿井资源评估时期，矿井煤炭资源量遵循质量守恒法则，计算公式见式(4-1)：

$$R = R_1 + R_2 \tag{4-1}$$

式中 R——矿井开采范围内煤炭总资源量，Mt；

R_1——开发建设时期运输煤炭资源量，Mt；

R_2——废弃矿井煤炭资源量，Mt。

运输煤炭资源量 R_1 计算公式见式(4-2)：

$$R_1 = J + K + Q \tag{4-2}$$

式中 J——建井期间运输煤量，Mt；

K——掘进期间运输煤量，Mt；

Q——生产期间运输煤量，Mt。

废弃矿井煤炭资源量 R_2 计算公式为：

$$R_2 = A + B + C \tag{4-3}$$

式中 A——采空区散煤型遗煤量，Mt；

B——煤柱型遗煤量，Mt；

C——上下邻近煤层不可采量，Mt。

采空区散煤型遗煤量 A 计算公式为：

$$A = Sh\gamma \tag{4-4}$$

式中 S——采空区面积，m^2；

h——遗煤厚度(各种采煤方法造成的遗煤厚度采用估计方法进行统计)，m；

γ——煤的视密度，t/m^3。

其中，煤柱型遗煤量 B 包括区段煤柱、停采线煤柱、大巷煤柱、上下山煤柱、采区边界隔离煤柱、地质构造隔离煤柱、“三下”采煤预留安全煤柱。

上下邻近煤层不可采量 C=上下邻近层通过煤层厚度×煤层面积×煤的视密度。

最后根据采空区散煤型遗煤量与煤柱型遗煤量对废弃矿井煤炭资源量的影响进行分析，建立资源量评价模型。资源量统计程序见图 4-1(见下页)。

4.3 情景再现法

受情景模拟法启发，采用设定的理想化场景将人员带入真实的开发研究现场，让研究人员从高仿真模拟中获取信息。在废弃矿井资源开发方面采用情景再现法对废弃矿井资源进行评估时，首先对未开发前的资源量进行评估，按照资源开采的规定推算矿井闭井时期的剩余煤炭资源。对矿井进行资源储量评估时，根据《固体矿产地质勘查规范总则》(GB/T 13908—2020)，基于详查、勘查阶段的地质报告分别计算矿井地质资源量、矿井工业资源量、矿井设计资源量、矿井设计可采资源量，分段进行资源量评估。矿井地质资源量，是指地质勘探报告提供的查明煤炭资源全部，其中包括探明的内蕴经济的资源量 331，控制的内蕴经济的资源量 332 和推断的内蕴经济的资源量 333。工业资源量包括 331 和 332 中经济储量 111b 和 112b、边际经济的基础储量 2M11 和 2M22，加上 333 的大部。

矿井设计资源量按式(4-5)计算：

$$Z_s = Z_g - P_1 \tag{4-5}$$

式中 Z_s——矿井设计资源量；

Z_g——矿井工业资源量；

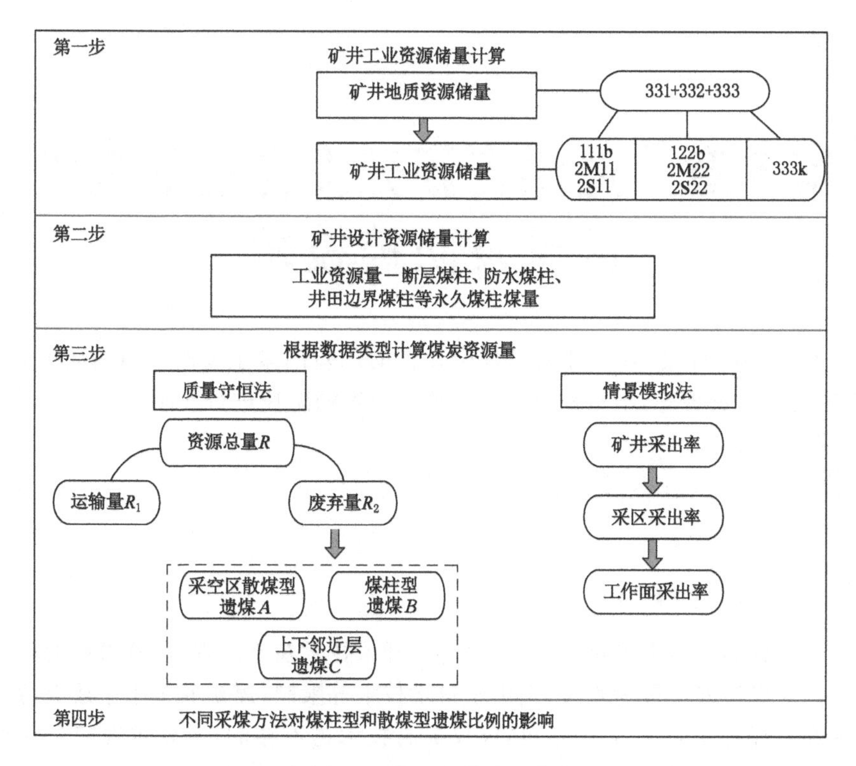

图 4-1　资源量统计程序

P_1——断层煤柱、防水煤柱、井田边界煤柱、地面构筑物等永久煤柱损失量之和。

矿井设计可采储量按式(4-6)计算：

$$Z_k = (Z_s - P_2)C \tag{4-6}$$

式中　Z_k——矿井设计可采资源量；

P_2——工业场地和主要井巷煤柱损失量之和；

C——采区采出率，按规定，厚煤层不小于 75%，中厚煤层不小于 80%，薄煤层不小于 85%。

由以上可知，矿井设计可采资源量主要受采区采出率影响，而采区采出率直接与工作面采出率有关，间接与采煤方法、巷道布置有关，进而影响矿井采出率。永安煤矿的资源储量按照情景再现方法进行计算。

第5章 遗煤资源开发存在的危险因素及防控技术

根据遗煤赋存的特点，其在开采过程中存在的危险因素主要有有毒有害气体、自然发火、矿井水害与顶板灾害等，本章重点对这些危险因素的防控进行介绍。

5.1 遗留煤炭资源复采安全性评价

5.1.1 复采安全性评价

煤炭资源是我们生活中不可或缺的一部分，开采技术在不断提高，各煤矿的安全隐患随之加大。我国对煤矿安全极为重视，但由于科学技术等限制，煤矿安全水平还有待于进一步提高。技术和管理相互依存，缺一不可，仅仅提高技术是不够的，更要重视安全管理。从总体上来看，遗留煤炭资源复采需从以下几个方面进行安全性评价：

(1) 煤层赋存

煤层赋存决定了开采的难易程度，它主要包括：地质构造、围岩稳定程度、自然发火倾向性、再生顶板形成时间、煤层倾角、煤层厚度。在我国，按煤层赋存条件分为薄煤层、中厚煤层、厚煤层。按煤层倾角分为近水平煤层、缓倾斜煤层、倾斜煤层、急倾斜煤层。在原统配煤矿的可采储量中，按煤层厚度分，薄煤层占17.36%，中厚煤层占37.84%，厚煤层44.8%；按煤层倾角分，近水平煤层、缓倾斜煤层占85.95%，倾斜煤层占10.16%，急倾斜煤层占3.89%。我国煤炭产量中的85%来自近水平煤层、缓倾斜煤层。急倾斜煤层中，断层和褶曲比较发育，倾角和厚度变化大，煤层、岩层节理发育，易于垮落，导致开采时采区走向长度缩短，巷道开拓率增高，支护成本增高，机械化程度较低，工作面产能小，煤炭采出率低，生产中安全威胁大(开采煤尘大、瓦斯易积聚)，开采急倾斜煤层条件普遍较差，开采极为困难。因此，需对遗留煤炭资源的煤层赋存进行评价。

(2) 地质勘探

煤炭是经济发展的主体能源，其健康发展关系到国民经济和社会的稳定，同时也担负着煤炭工业资源保障的重要责任，并且煤炭的开发、利用、安全、环保等责任也要依靠勘探技术来实现，所以说煤田地质勘探非常重要。煤田的地质勘探是研究煤层的形成、特征、位置、范围、地质条件的一种勘查方法，其能够为开采价值、开采方式、开采方法提供理论依据，并且为矿区整体开发的安全性和科学性提供理论指导，促进能源经济的协调发展和科学化发展。所以需对遗留煤炭资源的地质勘探进行评价。

(3) 采掘设计

所谓抽掘采平衡，就是矿井瓦斯抽采、巷道掘进以及采煤生产3个工序保持严格的先后次序，并在时间和空间分布上达到平衡。矿井预抽时间不够，未抽先掘，未抽先采，预抽不达标即开始采掘作业，或者下一个工作面抽采达标后，上一个工作面还没采完的情况，使得突出矿井的抽掘采存在严重的不平衡。针对突出矿井抽掘采不平衡、瓦斯抽采时间确定不合理，综合考虑矿井采掘部署、瓦斯治理工程情况，确定瓦斯抽采时间，制订合理的采掘接替计划，实现矿井的抽掘采平衡，对遗煤复采工作有着很重要的现实意义。对抽掘采平衡，有以下基本要求：① 将瓦斯抽采作为煤矿生产建设的一道必要工序，严禁未抽先掘、未抽先采以及抽采不达标时进行任何采掘活动。② 瓦斯抽采、巷道掘进、采煤生产 3 道工序在时间和空间上保持正常接替，不能失调而影响矿井生产能力的发挥。③ 不同矿井可根据实际情况选择合理的瓦斯抽采方法，预抽煤层瓦斯必须达到消除突出危险性的目的，采掘中抽采必须达到抽采达标的要求。④ 保护层开采必须进行瓦斯预抽，被保护层根据保护效果选择是否进行瓦斯预抽，若保护效果达不到要求，必须进行瓦斯预抽。⑤ 各矿井应根据实际情况选择巷道掘进速度、瓦斯抽采工程施工超前时间等参数，从而建立有针对性的抽掘采平衡关系。⑥ 新建矿井根据采区布置及工作面接替关系确定瓦斯抽采系统合理的能力，根据初期工作面及接替面参数建立初期矿井抽掘采平衡关系。⑦ 矿井投入生产后，根据瓦斯抽采计量装置测定的数据，合理安排后续抽采工程，建立动态的抽掘采平衡关系。⑧ 矿井在建设生产过程中，根据矿井回采工作的安排，始终建立不同时期抽掘采平衡模式，从而建立起总体的抽掘采平衡模式。⑨ 当抽掘采接替紧张时，可通过提前安排瓦斯抽采工程、加大瓦斯抽采力度、降低矿井生产能力等方法使抽掘采达到平衡。⑩ 抽掘采平衡关系中，最重要的是瓦斯抽采工程，当瓦斯抽采工程完全满足采煤生产的需要时，通常情况下采煤工程是可以满足采煤生产的需要的。

(4) 水文地质

我国煤矿地质、水文地质条件总体来讲十分复杂，受水害威胁的煤炭储量约占探明储量的 27%，仅华北地区受底板承压水威胁的煤炭储量约为 160 亿 t。由于我国煤田水文地质条件极为复杂，矿井突水事故频繁发生，严重威胁着煤矿的安全生产，同时也造成了巨大的经济损失和严重后果。华北晚古生代石炭-二叠纪地层和南方晚古生代石炭纪、二叠纪地层是我国煤矿主要的采煤地层，将近 70%的已开发煤矿分布在这两套含煤地层上。因为北方广泛分布的石炭-二叠纪煤田以太原组和奥陶系石灰岩为底板或者间接底板，南方大部分乐平组也以灰岩水为主要充水水源，所以我国煤矿水害以卡斯特矿山水害为主要类型。长期以来，因为煤矿水害而造成的国家和人民生命财产及经济损失极为惨重。《煤矿防治水规定》自 2009 年 12 月 1 日起正式实施，《煤矿安全规程》(防治水部分)自 2011 年 3 月 1 日起施行，这两项关于矿井防治水领域的规定相辅相成，加之矿井水害防治理论的发展，我国煤矿防治水工作已大踏步地迈入了新时期。

(5) 矿井瓦斯管理

瓦斯是无色、无味、无嗅、可以燃烧或爆炸、可以使人窒息死亡的气体，在成煤过程中形成，是煤炭的伴生物。在煤炭开采过程中，瓦斯随煤体的采掘松动而涌出。加强对瓦斯的防治、提高瓦斯管理的可靠性，可以增强煤矿安全程度，减少灾害的发生。多年来，广大科研人员和煤矿工作者一直在对瓦斯进行研究和控制，取得了很大成绩，也积累了丰富经验，对提高瓦斯管理的可靠性、预防瓦斯事故的发生起到了积极的促进作用。但是，煤矿开采一般都在地层深处进行，地质条件复杂多变，瓦斯运移变幻莫测，生产过程中的不确定因素很多，因此，瓦斯管理的安全可靠性差，以致瓦斯事故仍然屡屡发生。分析瓦斯管理可靠性差的原因，主要是一些现场管理环节比较薄弱。瓦斯预测、排放管理、最优逃逸路径确定、矿工瓦斯管理技能提升以及煤矿安全文化建设等是煤矿瓦斯管理中急需解决的关键技术。这五个关键管理技术是煤矿瓦斯管理系统中相互关联、相互支持的五个方面，其中，预测、排放管理、危机逃逸是瓦斯管理流程中相互连接的三个核心环节：瓦斯预测是瓦斯管理流程的第一步，是排放管理的基础，能使瓦斯排放管理更有针对性；排放管理是瓦斯管理流程的第二步，是瓦斯预测的目的，根据预测结果进行的排放管理具有更高的可靠性；危机逃逸是瓦斯管理流程的第三步，是瓦斯排放管理万一失效的补救措施，是应对危机发生的预案。而提升矿工瓦斯管理技能以及建设煤矿的安全文化是上述预测、排放管理、危机逃逸等管理环节的支撑平台和环境保障。

（6）自燃倾向性

煤炭自燃是威胁煤矿安全生产的重大灾害之一。据统计，我国国有重点煤矿中存在自然发火危险的矿井约占 51.3%，自燃引起的火灾占总火灾数的 90%以上。矿井自燃火灾诱发瓦斯、煤尘爆炸事故时有发生，严重地威胁着人民的生命财产安全，阻碍了煤炭工业的可持续发展，影响社会稳定。煤炭自燃导致的优质煤损失量已达 42 亿 t 以上，现仍以 2 000 万～3 000 万 t/a 的速度增加，而受其影响造成的呆滞资源储量超过 2 亿 t/a，每年直接经济损失高达数十亿元，由此造成的间接损失，诸如土地资源、大气污染、自然生态环境和人文活动等受到的影响更是难以估计。另外，煤炭行业每年都要投入巨额资金用于火灾治理，故需对遗留煤炭资源的自燃倾向性进行评价。

（7）其他复采安全评价内容

① 成熟经验：复采工艺虽为特殊开采工艺，但多家煤矿均有成功复采的经验，开采工艺及安全技术措施已较为成熟。目前，顶板治理技术应用已很成熟，如沿空留巷、充填技术等均可满足围岩控制要求，安全有保障。② 生产系统：矿井复采期间生产能力不发生变化，经初步校验利用现有生产系统即可满足矿井复采期间的安全生产。③ 安全技术措施：经过对矿方提供的复采区内开采资料进行分析，本次方案针对开采期间各种安全隐患，提出了行之有效的安全技术措施，保证矿井安全生产。④ 生产管理：永安煤矿井下 3# 煤层为单斜构造，总体东高西低。本次复采工作面均沿矿井开拓主大巷下山布置，后退式开采，并且 3# 煤层房柱式开采各工作面未留隔水煤柱，采空区内积水基本能自流至采区水仓，由采区水泵排至井底中央水仓。因此本次复采对于瓦斯、通风、防治水、运输由远而近便于管理。

矿井直接关闭或废弃将会引发地质灾害威胁，如地表塌陷、矿井水隐患、采空区瓦斯泄漏而导致的爆炸或火灾等。关闭、废弃矿井资源综合利用安全评价是以关闭、废弃矿井遗留能源资源作为被评价对象，分析影响遗留能源资源开发利用过程安全的主要因素，构建一套可量化的评价指标体系，采用互联网、软件开发、云计算、数据挖掘、模糊数学等理论与方法，对遗留能源资源开发利用这一主体的当前及未来安全度进行评估的过程。需要重点关注关键性指标的选取与把握，梳理关闭、废弃矿井地质背景、采掘历史、资源条件、采空区空间等特征指标，根据指标体系设计的一般原则，构建安全评价指标体系，对关闭、废弃矿井的安全性进行分析，对各风险因素进行研究，建立关闭、废弃矿井资源协同利用安全与风险评价技术标准，向关闭、废弃矿井利用和管理提供技术层面的决策支撑，指导关闭、废弃矿井“能源化”“资源化”与“功能化”利用的动态评判。

5.1.2　危险因素概述

煤炭是我国的主体能源,煤炭工业为国民经济发展做出了重要贡献。煤矿相对于非煤矿山,灾害种类多且较为严重,瓦斯、水害、火灾、冲击地压等灾害一应俱全,且随着开采强度、深度不断加大,各类灾害的威胁还在增大,易发生群死群伤事故。与世界主要产煤国家相比,我国井工矿多(占总量的97%),开采条件相对复杂;“十二五”末年产9万t及以下的小煤矿还有4 365处,数量占全国煤矿数量的45.5%,大多数煤矿生产力水平仍然比较低,安全条件差,装备简陋,从业人员安全素质和专业技能低,尤其是高瓦斯和煤与瓦斯突出等灾害严重的小煤矿,基本不具备安全生产能力;灾害严重矿井多,且随着开采深度不断增加,煤与瓦斯突出、冲击地压、热害、水害日益严重,耦合灾害加剧,防治难度增大。

矿井瓦斯一直是我国煤矿井下的主要灾害,是影响煤矿安全生产的“第一杀手”。瓦斯事故主要指瓦斯(煤尘)爆炸(燃烧),煤(岩)与瓦斯突出,中毒、窒息。井下空气中瓦斯浓度较高时,会相对地降低空气中氧气含量,使人窒息死亡;煤(岩)体内的瓦斯量较大时,瓦斯会因采掘活动的影响而以突然、猛烈的形式被释放出来,同时带出大量的煤(岩),使人员被掩埋和窒息死亡。井下瓦斯浓度较高时会发生燃烧,瓦斯体积分数5%～16%时遇到火源会发生瓦斯爆炸,产生高温、冲击波和大量一氧化碳等有害气体,造成人员冲击死亡或窒息而亡。2011—2016年197起较大以上瓦斯事故中,瓦斯(煤尘)爆炸(燃烧)事故最多,事故起数和死亡人数分别占较大瓦斯事故起数和死亡人数的53.3%和62.6%;煤与瓦斯突出事故起数和死亡人数分别占较大瓦斯事故起数和死亡人数的36.0%和32.1%;中毒窒息事故起数和死亡人数分别占较大瓦斯事故起数和死亡人数的10.7%和5.3%。

火灾事故相比瓦斯事故总量较小。2011—2016年,发生较大以上火灾事故9起、死亡107人,分别占煤矿较大以上事故起数和死亡人数的2.3%和3.8%,但近年来基本上每年都有重特大火灾事故或者火灾引发的重特大瓦斯爆炸事故,火灾也是我国煤矿防范重特大事故的主要类型。井下发生火灾,产生大量的一氧化碳、二氧化碳有害气体,使人员窒息、中毒,而且会导致瓦斯、煤尘爆炸,扩大灾情;在井下处理火区时,安全措施不当也易再次引发事故。2013年7起重大以上瓦斯爆炸事故中有3起是采空区煤炭自燃引起的。

除了火灾事故外,水害事故是煤矿重特大事故中又一重要的灾害类型。水害事故是指地表水、采空区积水、地质水、工业用水造成的事故及透黄泥、流沙导致的事故。据统计,2011—2016年较大以上水害事故占全国煤矿较大以上事故起数和死亡人数的18.4%和17.6%,2016年较大以上水害事故起数和死亡人数分别占全国煤矿较大以上事故起数和死亡人数的15.2%和9.7%。2011—2016年发生的72起较大以上水害事故中,煤矿采空区积水透水占79.2%,井下奥灰水,溶洞水和顶板、底板离层水占13.8%,地面洪水、河流、池塘等地表水占7%。老空水事故起数所占比例从“十一五”期间的90.7%下降到79.2%,但比例仍然最大。

顶板事故是指冒顶、片帮、顶板掉矸、顶板支护垮倒、冲击地压、露天煤矿边坡滑移垮塌等,底板事故视为顶板事故。顶板事故是煤矿事故的主要灾害之一,近年来,全国煤矿顶板事故总量逐年下降,但总量仍然较大,且时有发生较大以上事故。2011—2016年,发生较大以上顶板事故65起、死亡289人,分别占较大以上事故起数和死亡人数的16.6%和10.2%。

综上所述,对有毒有害气体、自然发火、矿井水害与顶板灾害等危害的防控,一直是保障矿井安全生产的重中之重。

5.2 有毒有害气体灾害防控

5.2.1 有毒有害气体概述

采矿井内可燃气体包括甲烷、一氧化碳、氢气、氨气、硫化氢、二氧化硫、二氧化氮等，几种灾害气体均有不同的火灾爆炸特性，同时人体吸入一定量后也会造成不同程度的人体伤害。

(1) 甲烷(CH_4)：是煤矿常见的有害气体，无色、无味、无臭、无毒。它比空气轻，常聚集在巷道上方，当其在空气中含量高时可降低氧含量，引起窒息；它具有爆炸性，爆炸浓度一般为5%～16%。《煤矿安全规程》中对甲烷允许浓度因在井下位置不同而不同。

(2) 一氧化碳(CO)：是一种无色、无味、无臭的气体；它可燃烧，当含量在13%～75%时，遇火能引起爆炸；一氧化碳极毒，当其含量达0.4%时，人在短时间内就可中毒死亡。《煤矿安全规程》规定其最高容许浓度为0.002 4%。煤炭自燃产生大量以CO为主的有毒有害气体，危害井下工人身体健康，现阶段治理绝大多数情况下以通风为主。有学者已在研制一种低温氧化催化剂，可在常温常压下将CO完全转化CO_2，用于解决通风、封堵等措施无法处理时的紧急情况，为抢险救援争取时间。

(3) 氢气(H_2)：常温常压下氢气是一种无色无味极易燃烧且难溶于水的气体。《煤矿安全规程》规定井下充电硐室风流中以及局部积聚处的氢气浓度，不得超过0.5%。

(4) 氨气(NH_3)：能灼伤皮肤、眼睛、呼吸器官的黏膜，人吸入过多，能引起肺肿胀，以致死亡。氨气最高允许浓度为0.004%。

(5) 硫化氢(H_2S)：是种无色、微甜、有臭鸡蛋味的气体，易溶于水，遇火后能燃烧及爆炸；硫化氢极毒，它能使血液中毒，对眼睛及呼吸系统的黏膜有强烈的刺激作用。《煤矿安全规程》允许其最高浓度为0.000 66%。

(6) 二氧化硫(SO_2)：是种无色、有强烈硫黄味及酸味的气体，同呼吸气管潮湿表皮接触能形成硫酸，刺激并麻痹上部呼吸气管的细胞组织，使肺及支气管发炎。《煤矿安全规程》规定其最高允许浓度为0.000 5%。

(7) 二氧化氮(NO_2)：为红褐色，易溶于水，是剧毒气体，对人的眼睛及呼吸器官有强烈刺激作用。《煤矿安全规程》允许其最高浓度为0.000 25%。

5.2.2 采掘工作面有毒有害气体防控技术

5.2.2.1 矿井通风技术

随着煤矿生产能力的提升、采深的加大，瓦斯涌出量也在增大，特别是在高瓦斯矿井，矿井的总供风量有时达不到规定的瓦斯稀释要求。要增加矿井的供风量，就需要增加或扩大进回风井硐和巷道、优化通风网络、减少通风阻力、更换大功率通风机械设施等。

矿井通风是矿井安全生产的基本保障。矿井通风借助机械或自然动力，向井下各用风点输送适量的新鲜空气，保障人员呼吸，稀释和排出各种有害气体和浮尘，降低环境温度，创造良好的气候和环境条件，并在发生灾变时能够根据撤人救灾的需要调节和控制风流流动路线，用于保障人员撤退和救护抢险的安全。

20世纪80年代以来，随着煤矿机械化水平的提高、采煤方法和巷道布置及支护的改革、电子和计算机技术的发展，我国矿井通风技术有了长足的进步。通风管理日益规范化、系列化、制度化，通风新技术和新装备愈来愈多地投入应用，以低耗、高效、安全为准则的通风系统优化改造在许多煤矿得以实施，使矿井通风更好地为高产、高效、安全的集约化生产提高安全保障。

(1) 矿井调风方法分类

由于采场调风数学模型的各项参数是空间坐标和时间的函数，因此，相对矿井通风网络调风而言，采场调风方法更加灵活多样。

由矿井通风网络数学模型可知，模型中含有风量、风压和风阻三个基本参数，矿井通风网络调风就是合理调整网络中三个基本参数，形成合理的通风系统。由此形成了以下6种调风方法：增风量法、减风量法、增风压法、减风压法、增风阻法和减风阻法。

对比采场调风数学模型和矿井通风网络数学模型可以看出：采空区透气性系数与通风网络风阻相对应，采场风压和网络风压相对应，采场风量与网络风量相对应。由于两者数学模型的基本物理量具有一一对应的关系，因此采场调风方法也分为6种基本方法，即增风量法、减风量法、增风压法、减风压法、增风阻法和减风阻法。

(2) 采场调风技术原理分析

采场调风方法众多，在实施采场调风时，应根据采场实际情况和调风目标进行选择，并要注意各种调风方法的适用条件。

① 采场风阻调节法

当采空区发生自燃时，为了减少采空区漏风，用增阻法抑制采空区自燃是一种常用的采场调风方法。

采空区纵向增阻法：在采煤工作面回采过程中，为了防止采空区自燃，减少采空区漏风，特别是减少向上、下隅角的漏风，常常采用在上、下巷道铺设隔离挡墙的措施，利用的就是采空区纵向增阻调风方法。当采煤工作面的采空区发生自燃时，若采用其他方法不能控制，则往往需要重掘开切眼，留设一定宽度的隔离煤柱隔离火区，以降低火区漏风量。随着新开切眼工作面的推进，作用在隔离煤柱上、下两端密闭之间的风压差逐渐降低，火区漏风量也随之降低，从而火区内混合惰性气体浓度不断增高使火源熄灭。这利用的也是采空区纵向增阻法。

采空区横向增阻法：厚煤层分层开采采用全部垮落法管理顶板时，上分层的停采线处容易发生自燃。由于下分层工作面的进风巷总是通过上分层采空区向下分层工作面回风巷漏风，上分层采空区有害气体会随漏风流入采煤工作面回风巷内，如图5-1(a)所示。为了减少这种漏风，可以增加横向风阻，即沿进风巷和回风巷用堵漏材料封堵上分层采空区边缘裂隙，减少采空区漏风。特别是当上分层停采线发生自燃后，对进风巷的裂隙封堵增阻，施工人员更加安全，如图5-1(b)所示。

局部增阻法：指在采场范围的生产巷道内增阻，为处理工作面上隅角瓦斯积聚而在工作面的上出口设立临时风障的方法就是一种局部增阻法。

采空区纵向减阻法：厚煤层开采下分层时，为了降低工作面的进风巷与回风巷之间的压差，减少顶分层采空区的漏风，可以采取加大进、回风巷断面的方法，这种方法即为纵向减阻

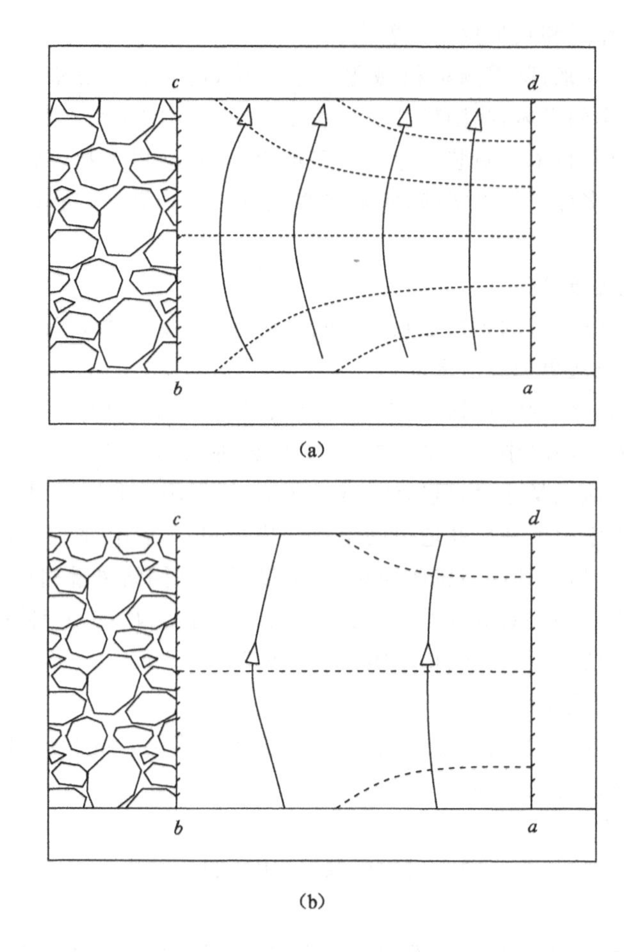

图 5-1　横向增阻调风方法

法。纵向减阻法是防止顶分层采空区自燃的有效措施,欧洲主要产煤国家比较重视这种方法。

采空区横向减阻法:当工作面采空区出现自燃征兆时,适当加大工作面控顶距,清除工作面杂物,降低横向风阻,是减少采空区漏风、抑制自燃发展的有效措施。

② 采场风压调节法

采场增压调节法:在采煤工作面采用风机-风窗联合增压是常用的方法。对于图 5-2 所示的通风采场,在进风巷和回风巷巷口分别设置增压风机和调节风窗。当风机运转后,保持巷道风量不变,风机与风窗之间的区域即为增压区域。在工作面增压前,采空区风压分布如图 5-2 所示,风压值 $p_1>p_2>p_3>p_4$。

局部增压调节法:我国矿井均采用抽出式通风,当采空区塌陷后与地表裂隙连通时,或进风巷与采空区的巷道煤柱被压裂时,地表裂隙或煤柱裂隙会向采空区漏风,称为漏风源。而流经采空区的漏风会经过与总排风巷道相连的密闭漏出,从而形成漏风。由于漏风源很难封堵,因此,提高漏风汇密闭外风压,使密闭内外风压平衡,是防止地表裂隙或煤柱裂隙向采空区漏风的有效措施。提高漏风汇密闭外风压的方法称为局部增阻法。局部增压可以通过局部通风机增压和借助压力导管增压方式来实现。

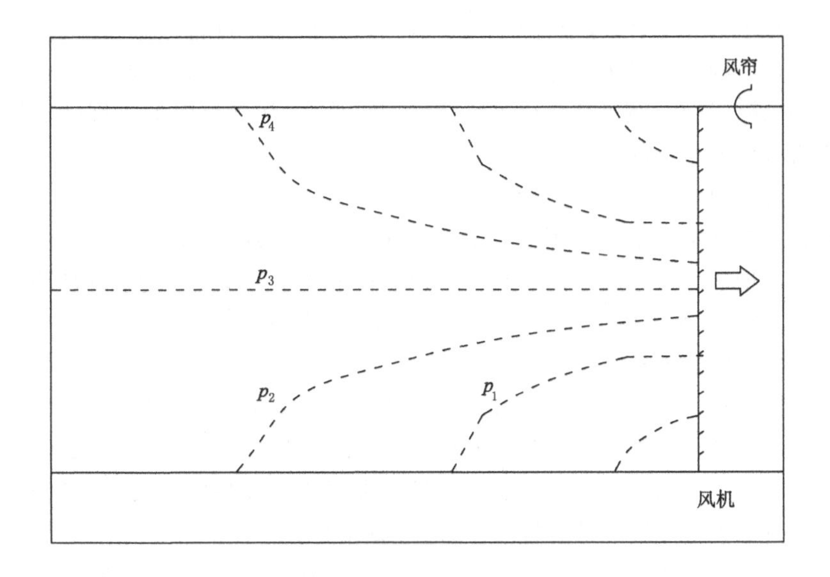

图 5-2 采场形状及分压分布

5.2.2.2 有害气体抽放技术

有毒有害气体的抽放一般利用由煤矿瓦斯抽放钻孔形成的抽放技术体系，具体的抽放方法有本煤层有害气体抽放、邻近煤层有害气体抽放、采空区有害气体抽放。有害气体抽放是减少有害气体涌出的一种最有效的途径，既降低了有害气体涌出，有效减排了温室气体，具有环保效应，又能在一定程度上改善我国的能源结构。从 20 世纪 50 年代开始，我国就将有害气体抽放作为治理煤矿有害气体灾害的重要措施，并且在诸多矿井进行推广。

(1) 本煤层有害气体抽放

本煤层有害气体抽放，也叫开采煤层有害气体抽放，主要是为了降低回风流中有害气体浓度和煤层中的有害气体含量，以确保煤矿的安全高效生产。

本煤层有害气体抽放主要是抽放开采层中的有害气体，依据采掘与抽放时间的关系，开采层有害气体抽放大致可分为边采边抽煤层有害气体和预抽煤层有害气体。另外，根据收集有害气体的不同方式又可分为钻孔预抽有害气体和巷道预抽有害气体。

① 巷道预抽开采层有害气体

巷道预抽开采层有害气体，大多是利用回采的准备巷道进行抽放。即密闭采空区已施工完成的煤巷，再插入管道进行抽放。其抽放有害气体工作在回采开始以前和煤巷掘进以后进行。但是巷道预抽本煤层有害气体虽然是有效和可行的，但仍然有一些问题，比如当掘进有大量有害气体涌出时，正常的掘进工作就会难以进行；由于巷道掘进后需较长时间抽放，开采前尚需维修巷道，故而增加了成本。因此，是否选择巷道法预抽本煤层有害气体，需要经过严密细致的讨论。

② 钻孔预抽本煤层有害气体

钻孔预抽本煤层有害气体，由于具有成本投入低、工艺简单、抽放有害气体浓度较高等优点，在我国煤矿中得到了很大的推广。目前，钻孔预抽本煤层有害气体主要有两种布置方式，分别是顺煤层钻孔布置方法和穿煤层钻孔布置方法。采用顺煤层钻孔布置方法时，通常是通过提前开掘出的煤巷，沿煤层打顺层钻孔，先经过预抽再进行回采作业，以解决回采过程中有害气体涌出问题。当采用穿层钻孔预抽时，钻场可设在邻近煤层巷道或底板岩石巷道，向开采层打穿层钻孔，经过抽放再进入煤层进行采掘，从而可以解决掘进工作面和采煤工作面的有害气体涌出量的问题。

③ 边采(掘)边抽本煤层有害气体

它是在预抽时间不足或没有预抽的情况下，降低开采煤层采掘过程中大量有害气体涌出的一种有效的抽放方法。事实就是利用采掘过程中产生的煤层压力破坏作用抽放煤层中的有害气体，以减小回采或掘进中流出的有害气体涌入回风流。

(2) 邻近煤层有害气体抽放

在煤层群中，由于受到开采层采动的影响，开采层上面或下面的煤层压力平衡破坏引起这些煤岩层的透气性的显著增加和膨胀变形，引起邻近层中的有害气体大量向开采层采掘作业空间涌出。为了降低或预防邻近层的大量有害气体通过煤层间的裂隙带涌向开采层，可通过抽放的方法处理邻近层的有害气体，这种抽放方法即为邻近层瓦斯抽放。

邻近层瓦斯抽放方法总体上可划分为井下钻孔抽放法、井上钻孔抽放法和顶板巷道相结合的钻孔抽放法。由于井上钻孔抽放法和顶板巷道结合钻孔法的应用受到煤层赋存状况及开拓开采巷道布置等条件的影响，因此，现在大多采用井下钻孔抽放法。

① 井下钻孔抽放法

在采用井下钻孔抽放法抽放邻近煤层的有害气体时，应考虑开拓开采巷道布置方式和煤层的赋存情况。依据煤层赋存情况和开拓开采巷道的布置方式的不同，钻孔布置方式有开采层外巷道内布置钻场及抽放钻孔和本煤层内巷道布置抽放钻孔。

② 井上钻孔抽放法

通过地面布置钻孔抽放井下邻近层有害气体的方法，我国 20 世纪末在山西阳泉四矿进行了现场试验和实际应用。但是，地面钻孔法抽放井下邻近层瓦斯，由于受到诸多条件的限制且地面钻孔费用昂贵，试验和应用地点少，没有得到广泛应用。

③ 巷道抽放方法

高位巷：在顶板破坏裂隙带内布置有害气体高位抽放巷，顶板在初次垮落后，破坏了围岩和邻近层内的有害气体平衡，使围岩和邻近层解吸出的有害气体沿裂隙流动到采空区，邻近层瓦斯可以通过有害气体高位抽放巷抽出。

倾向高抽巷抽采上邻近层有害气体：倾向高抽巷是在外侧瓦斯尾巷内，沿工作面倾向上覆掘进到上覆指定的煤层再送一段平巷，相当于一个大的拐弯钻孔，用于抽采上邻近层有害气体。倾向高抽巷具有抽采量大、抽出率高的优点，在配有尾巷的情况下能有效解决开采过程中邻近层涌出有害气体的问题。有尾巷对处理上隅角有害气体十分有利，是一种综放面解决有害气体问题的有效途径。

顶板巷道结合钻孔抽放邻近层有害气体法：这种方法具有抽放效率高、抽放量大、抽采浓度高等特点，用这种方法，综采工作面的有害气体涌出大的问题能够得到较好的解决，尤其是对于上隅角有害气体。但是，随着煤矿高效高产工作面的快速发展，对于高瓦斯煤矿有害气体涌出量大的问题，只采用单一的抽放方法已经很难解决问题，而必须采用综合抽放方法。

邻近层的选择主要是根据开采层周围岩层卸压范围和有害气体变化状况来确定。邻近层层位与开采层间距的上限和下限的确定，与层间距离的大小、开采层厚度、层间岩性、倾角等均有关系。一般认为，在缓倾斜煤层条件下，上邻近层抽放的极限层间距离为 50 m 左右，下邻近层为 100 m 左右；在急倾斜煤层条件下，上、下邻近层分别为 60 m 和 80 m 左右。但是，间距太近时，由于岩层垮落而不利于有害气体抽放。邻近层的抽放效果还取决于抽放参数，这些参数主要包括钻孔角度与长度、钻孔间距、钻孔直径。

(3) 采空区有害气体抽放

在开采高瓦斯煤层，特别是开采厚煤层和煤层群时，从邻近层、采掘空间和煤柱丢失的煤中有大量有害气体向本煤层采空区涌出。特别是近些年来，随着工作面推进速度的不断增加，形成大面积的采空区，矿井有害气体涌出总量中采空区的有害气体涌出量的比例不断加大，如平煤集团十矿。这种状态对矿井的安全生产造成了很大的威胁。因此，一方面为了减少矿井有害气体涌出，提高矿井生产的安全性，另一方面也为了开发利用有害气体资源，降低地面环境的大气污染，采空区有害气体抽放装备及技术得到了快速的发展，一些矿井采空区有害气体抽放量占矿井总有害气体抽放量的比例达到了 60%～70%，如平煤集团十矿等，采空区瓦斯抽放占有日益重要的地位。按开采过程划分，采空区的有害气体抽放方法可以分为回采过程中的采空区有害气体抽放和采后密闭采空区抽放。

① 回采过程中的采空区有害气体抽放主要有密闭抽放法、插管抽放法、向冒落带上方打钻孔抽放法、在基本顶岩石中打平行钻孔抽放法、向采空区直接钻孔抽放法、地面垂直钻孔抽放法、顶板巷道抽放法、前进式预埋管抽放法、尾巷布管采空区瓦斯抽放法。

② 采后密闭采空区有害气体抽放也称为老空区有害气体抽放，矿井通风系统虽然与这一部分采空区隔离，但采空区中通常还积存有大量的高浓度有害气体，它依旧有可能通过隔离煤柱的裂隙或巷道密闭向外涌出。采空区按照形成的时间可以分为采完不久的采空区、开采已久的采空区、报废矿井三类。其中对安全生产造成影响的主要是第一类采空区有害气体。由于采区或采面刚采完不久，虽已封闭，但来自邻近层、围岩、丢煤和煤柱等的有害气体涌出并没有停止，仍有大量的有害气体继续涌向采空区，并且持续时间较长，一般可以长达一年或是更长，而且由于离现开采区较近，对矿井的安全影响很大。因此，对该区的有害气体抽放更具有安全意义。具体实施时，可根据每个矿井的不同情况采用不同的方式，例如，钻孔和巷道(包括穿层预抽钻孔、邻近层抽放钻孔、地面抽放钻孔和高低位有害气体巷道等)抽放，也可在采空区靠回风侧的密闭插管抽放。总而言之，采空区有害气体抽放的最大优点在于抽放布置简单，准备工作量小，而且一般透气性高。只要抽放钻孔布置合理，就能达到较好的抽放效果。但是，在抽放过程中应注意采空区内的气体成分的监测和控制好抽放负压，否则，易加大采空区漏风，引起遗煤自燃。

5.2.3 巷道过空区有毒有害气体防控技术

5.2.3.1 采面及进回风巷气体监测

在采面及进回风巷进行有害气体监测，监测仪器主要有 CH_4 传感器、CO 传感器、CO_2 传感器，各种传感器的报警浓度必须符合《煤矿安全规程》的有关规定。

5.2.3.2 通风安全保障技术

通过变频调速调整输入到电机电流频率，使得局部通风机处于最佳工况点。通过变频系统可实时监控局部通风机工作参数，以便根据需要进行调节。若在掘进前期通风距离小，可适当降低电机转速，在满足通风基础上降低电机能耗；在掘进后期通风路线长、柔性风筒漏风量大，局部通风机需要提供更大风量，因此可通过变频系统适当增加电机转速，增大供风量。

在巷道内配备有应急压风自救器、无轨胶轮车，当巷道内出现微风或者无风等情况时，巷道内作业人员通过乘车可在 10 min 内全部撤离，提高应急安全保障能力。

在掘进巷道内，布置各类喷雾降尘系统，有效降低巷道内粉尘浓度，改善巷道内环境质量。

5.2.3.3 建立工作面均压系统

工作面均压，是采用矿井通风调节设施，在现有矿井通风方法不变的基础上，为确保综采工作面通风系统的稳定性、合理性，在工作面进、回风巷安设矿用局部通风机及调风设施，以改变工作面原全负压通风方法，来控制采空区漏风源压差，从而抑制漏风，控制风流交换，控制有毒有害气体向生产工作面或巷道泄漏，从而保障采煤工作面安全生产。

5.2.3.4 在采面上、下隅角吊挂挡风帘

在采面上下隅角附近的支架后部吊挂挡风帘。风帘越长阻止漏风的效果越好，但所能实现的综合边界效益将会越低，所以一般只在上、下隅角附近工作面吊挂风帘。由于采空区渗流的动力来自压力，压力梯度大的区域采空区漏风多，因此在下隅角挂挡风帘的作用就是将垂直进入采面的风流转变成平行于采面，而不使风流流入采空区。

在上隅角的措施也减少了向采空区漏风，但是由于此区气压梯度不是很大，因此其主要作用是使采空区风流提前流入工作面，这样涌出的有害气体就可以掺混在工作面风流中，而不至于在风速小的上隅角涌出，造成积聚。因此，这部分风帘不必太长。上隅角的封堵墙和风帘要求与帮、顶及支架掩护梁接触严实，切实堵住漏风。

5.3 自然发火灾害防控

总结关于自然发火灾害防控技术的已有研究成果可知，目前在采空区自然发火灾害防控技术方面有注浆防灭火技术、充填堵漏防灭火技术、均压防灭火技术、惰化防灭火技术、阻化剂防灭火技术、三相泡沫防灭火技术、高倍数泡沫防灭火技术和矿井灾变时期防灭火技术等。

5.3.1 注浆防灭火技术

注浆是在煤矿井下应用最为广泛的一种防灭火技术手段，通过浆液包裹煤体、吸热降温、减少煤与氧气的接触达到防灭火的效果。经过几十年的发展，现阶段形成以地面固定式制浆装备为主，井下固定式及移动式注浆装备为辅的防灭火系统，不断稳定提高系统注浆流量，实现重点区域全覆盖灭火。它具有原材料种类多且成本较低、制浆设备简单、防灭火效果显著等特点，但制浆设备体积大注浆管路长且易堵塞、易跑浆并恶化工作面环境。

5.3.2 充填堵漏防灭火技术

充填堵漏防灭火技术主要应用于工作面漏风复杂时自燃火灾防治，通过压注胶体充填

漏风通道。早期普遍采用有机凝胶材料，近些年相继研发了新型无机凝胶、复合浆体、胶体泥浆、高分子材料等防灭火材料及专用装备，在巷道围岩表面喷涂、裂隙压注及空洞充填的工程应用中效果良好。具有快速堵漏、简便易行的特点，但大范围漏风控制效果一般，且成本较高，适用性有限。

5.3.3　均压防灭火技术

均压防灭火技术通过改变通风系统内各通道的压力分布，调节漏风通道两端的压差以减少漏风量，达到抑制与灭火的目的，现阶段应用的主要有开区均压、闭区均压与联合均压三种方式。具有实施方法灵活、实施效果快速的特点，可有效减少有害气体涌入工作面，改善工作环境，但工艺复杂，需协调考虑因素众多，工作量较大，影响工作面正常生产。

5.3.4　惰化防灭火技术

惰化防灭火技术是将惰性气体注入采空区，通过降低氧气含量达到抑制煤自燃或熄灭火源的目的。目前惰性气体多采用氮气与二氧化碳，新开发出的地面固定式及井下移动式制氮装置，创新了灌注工艺，液氮、液态二氧化碳直注式与可控温式灌注技术也得到成功应用。具有快速灭火的特点，能起到较好的稀释抑爆作用，但惰性气体流动性大，在不能准确知道火源点位置情况下，不能有效消除高温点。

5.3.5　阻化剂防灭火技术

阻化剂是一种具有阻化性能的无机或有机化学试剂，覆盖到煤体表面会产生化学反应，与水接触形成含水保护膜，减少煤体与氧气反应，进而抑制煤体自燃。常用阻化剂有 Na_2CO_3、$MgCl_2$、$Ca(OH)_2$、水玻璃等，主要采用喷洒、压注及气雾阻化等方式。国内外学者在常规阻化材料的基础上，又研发出如甲基纤维素、离子型表面活性剂等多种高分子阻化剂。具有施工简单、可操作性强、阻化效果好的特点，普遍适用于煤层火灾预防，但阻化材料成本相对较高且用量较大、阻化寿命有限。

5.3.6　三相泡沫防灭火技术

三相泡沫是一种集合固、液、气三相材料防灭火优势于一体的防灭火材料，解决了常规注浆工艺施工时材料覆盖煤体性能差、消除堆积高处火源点难、惰性气体易流失的难题。具有大范围包裹煤体、隔绝氧气、吸热降温、浆液固化后还能封堵漏风通道与煤体裂缝等特点，但材料用量较大，成本较高。

5.3.7　高倍数泡沫防灭火技术

高倍数泡沫以复合表面活性剂为发泡剂，加入少量的稳泡剂、抗冻剂、溶剂等原料优化性能，产生的大量泡沫可以迅速覆盖煤体或充满采空区，用窒息和冷却的双重作用灭火，解决了煤矿井下快速惰化发火区域、快速熄灭火源点的技术难题。另外，有学者在此基础上研究燃油惰气灭火技术，可快速惰化火区，起到隔绝、窒息的作用，配套技术装备的研发进展也促使该技术从防控机理到现场应用的转化。

5.3.8 矿井灾变时期防灭火技术

当矿井灾变发生时，为控制灾情，保持风流稳定，减少对火区的冲击，往往需要快速封闭火区。传统井下密闭墙构筑工程量大、劳动强度高，且后期易产生裂隙形成漏风通道，有学者就提出了新型井下密闭墙快速构筑方法。有学者研制开发了一种经纳米技术改性后具有良好堵漏性能的聚氨酯弹性体，作为煤矿专用密闭堵漏材料。

5.4 矿井突水灾害防控

矿井突水灾害的防治可以从矿井防水和矿井排水两个方面考虑。前者主要考虑采取措施防止水流入矿井，或者控制流入量。这种方法可以直接降低矿井涌水量，节约排水费用，降低煤炭生产成本，从源头上制止水害的发生，是比较积极的防治水害措施。而另外一种矿井排水措施则是利用矿井巷道中的排水沟、水仓、水泵等排水设施来排除矿井水，这种措施是矿井水的消极处理，当矿井涌水过大时，可能失效，从而发生灾害，因此，这种消极措施不可取，只能作为辅助措施。防治矿井水灾的原则，是在保证矿井安全生产的前提下，预防为主，防治结合。

5.4.1 地表防治水

地表防治水是指在地面修筑一些防排水工程或者采取其他措施，防止或减少大气降水和地表水涌入或渗入井下。它是保证矿井安全生产的第一道防线，对于以大气降水和地表水为主要涌水来源的矿井尤为重要。

(1) 设计井口和地面设施基础的标高时，应参考矿区历史最高洪水位来确定，以保证在任何情况下矿井不致被水淹没。当井口及工业场地内建筑物的高程低于当地历史最高洪水位时，必须修筑堤坝、沟渠或采取其他防排水措施。

(2) 当有河流通过矿区范围时，为避免其对矿井可能带来影响，可采取河流改道或者整铺河床的方法，消除河流水对矿井的潜在威胁。

(3) 大气降水及地表水直接或者间接渗入矿井的通道有很多，如采空区、采煤塌陷、陷落柱、废弃钻孔以及由其产生的裂缝等，这些都可能造成漏水区。可以采用修筑排水沟，或者用隔水材料填堵漏水裂缝等，防止地表水流入、灌入或者渗入矿井。

5.4.2 井下防治水

地表防治水是保证煤矿安全生产的第一道防线，而井下防治水则是第二道防线，一般可采用先探放、后截堵的措施进行。

(1) 井下探放水

当采掘工作面接近有突水危险区域时，就存在突水灾害发生的可能性，此时，必须把握“有疑必探，先探后掘”的基本原则，这是预防井下水害事故发生的重要原则。采用探放水方法，查明采区前方的水情，并将水有控制地放出，是消除矿井水害的有效措施之一，可以从本质上保证采掘工作面生产的安全。根据不同类型的水源，可采取不同的疏放水方法和措施。当采掘工作面遇到下列情况之一时，必须进行探放水：

① 接近水淹或可能积水的井巷、老空区或相邻矿时。

② 接近导水断层、含水层、钻孔、灌浆区、溶洞或导水陷落柱时。

③ 接近可能与水库、蓄水池、河流、湖泊、水井等相通的断层破碎带时。

④ 接近其他可能存在出水情况的区域时。

(2) 井下截堵水

井下截堵水是利用设置防水煤(岩)柱、水闸墙、水闸门等堵水设施，临时或永久地截堵住涌水，在矿井突水灾害发生时，隔离巷道或者封闭采区，使某一地点突水不致危及整个矿井，减轻突水灾害的影响。

① 留设防水煤(岩)柱：在水体下、含水层下、承压含水层上或导水断层附近采掘时，在可能发生突水处的外围留设一定宽度的煤(岩)柱，以防止地表水或地下水涌入工作地点，形成水灾。在相邻矿井的分界处，必须留防水煤柱。矿井以断层分界时，必须在断层两侧留设防水煤柱。

② 设置水闸门：防水闸门一般设置在可能发生涌水需要堵截，而平时仍需运输行人的巷道内。如井底车场、井下水泵房、变电所的出入口处，以及涌水互相影响的区域之间，都必须设置防水闸门。一旦发生水患，立即关闭闸门，将水堵截，把水患限制在局部地区，保证其他区域的正常生产。

③ 设置水闸墙：在需要永久截堵水而平时无运输、无行人的地点设置水闸墙，将危险区域隔离开。水闸墙分为临时水闸墙和永久水闸墙两种。前者一般用木料或砖料砌筑，后者则采用混凝土或钢筋混凝土浇筑。

5.5 顶板灾害防控

5.5.1 常规防控技术

(1) 锚杆支护方法

锚杆支护是支护形式的一种，其应用范围广、效率高。锚杆主要由托盘、锚杆体构成，具有良好的抗拉性能与抗剪性能。巷道表面受外界压力影响，或与巷道的岩体接触时，锚杆的金属托盘可以有效解决围堰脱离层面的问题，使围堰节理裂缝舒张和围堰节理结构面的滑动情况受到有效控制，减少内部的安全隐患。此外，锚杆支护方法具有改善巷道结构的应用优势，其支护面与巷道表面相连接，可以解决围堰中落石散落的问题，提升支护结构的安全性。由于锚杆支护方法操作简单、施工快捷，这种方法受到了施工人员的喜爱，经常被应用于煤矿快速掘进施工，为提升工作效率、优化施工监督管理措施奠定了管理基础。

(2) 锚喷支护方法

锚喷支护方法是常见的支护方法之一，其支护工作完成前主要依靠可缩性支架对结构进行支撑。这种方法在应用过程中要考虑支架的承重范围和支架的变形问题。一旦被支护结构的压力超出了可缩性支架的极限承受能力，很可能会对整个支护结构带来安全问题。施工人员在使用锚喷支护方法时要考虑以上问题，明确支架能够承受的极限，并按照精确的数据进行施工。锚喷式支护方法的应用效果受连接件的工作状态、支架的整体构造情况的影响。在使用这种方法进行施工时必须时时刻刻注意其具体情况，以免支护结构在使用过程中发生细微变化影响整个工程的支护效果。

(3) 预留柱支护方法

预留柱支护方法是一种较为传统的支护手段，其支护施工的流程完善，相关施工管理措施也比较健全。很多支护的施工单位对预留柱支护方法较熟悉，在施工期间遇到的阻力较少。这种方法的原理如下：某一区间内的上下区段存在一定的宽度和空隙，空隙的存在使整个面积所承受的压力被错开，使得单位面积承受的压力荷载减少。预留柱支护方法的操作方法便捷，但却能够满足施工人员对顶板支护的一般要求。但是这种方法也存在一定的缺陷，比如施工成本较高、后期维护难度较大等。在条件允许的情况下，施工单位可使用其他支护方法代替预留柱支护方法，或将其他方法与预留柱支护方法结合使用，以此来弥补该方法的不足。

(4) 可伸缩支架

在井下施工期间采用可伸缩支架是常见的支护形式。基于结构整体灵活性较高，目前双向伸缩已经得到了煤矿井下巷道施工人员的广泛关注和应用，并在施工期间不断发掘该技术优势。要想稳定发挥可伸缩支架优势，巷道断面的支护就要在整体稳定的基础上进行提升，在获取最合理作业效果基础上，实现施工安全性和工作效率的稳定提升。在承压能力上，可伸缩支架的优势更强，但和其他支护类型相比，此种支护技术的架设难度较高，所以工作人员在施工过程中也要对该施工技术进行调整和优化。

(5) 矿用支护型钢

矿用支护型钢在施工中具备显著优势，也是目前煤矿井下巷道掘进的主要支护方式之一。矿用支护型钢可以应用于多种拱形巷道，在井下采煤期间，该方法可以提供强力支护，保证了施工安全性的稳定提升。支护型钢利用稳定的抗压能力和抗拉能力承载各方荷载，使得煤层顶的整体性不断提升，极大地提升了作业安全性和稳定性。在煤矿井下作业施工期间，工作人员需要获取合理的抗弯截面模量，在有效消除参数不合理问题前提下，确保支护结构可以承担起更大的荷载。在此期间，工作人员也要对几何形状进行关注，因为其往往会对支护型钢的结构伸缩性造成明显影响，如果考虑不当很可能造成伸缩性下降问题。

(6) 混凝土浇筑技术

除了对上述几种技术的广泛应用之外，在井下巷道顶板支护过程中，还可以加强对混凝土浇筑技术的应用，也就是施工人员按照合理水灰配比，将混凝土浇筑在断面位置，在经历一段时间后，在断面位置上形成混凝土支护。该支护技术可以在施工中发挥较强的稳定性优势，比如封闭速度较快，在形成断面后，可以随时进行支护建造，缩短空气对围岩位置的影响，防止出现围岩风化问题。并且在断面位置上，可以在整体支护作用下降低分散应力的影响，防止因为应力过大而对围岩造成的负面影响，是对工程安全性提升的重要手段。但在具体技术应用中也要认识到，该技术存在刚度较大，抗压和抗弯能力不足问题，很难保证外界应力的稳定承受，这也是该技术目前存在应用局限的主要原因。

5.5.2 巷道过高大空间顶板支护技术

(1) 掘进准备工作

① 分析工作面状况，调查顶板情况，进行可行性分析，确定可行的支护技术参数并在现场实施。

② 对空巷探掘管理，做到积气、积水同时探测和现场监控管理。

③ 对掘进队全体员工进行理论与实践培训。

④ 对过空巷实施综合安全技术管理。坚持物探先行、钻探补进。增加气体检测工具，实施多频次检测和人机共管的安全监测监控。强化现场安全红线管理要求，确保现场安全环境。

(2) 技术路线

① 采用前探梁进行超前支护，架设棚梁、勾顶、量取中线、挖柱窝、竖棚腿、盘帮。

② 先探后掘，有掘必探。

③ 加强人检频次和智能自动化监控的实时应用。

④ 防范人员误入采空区。

5.5.2.1 锚杆、锚索及W钢带联合支护技术

在掘进过程中，如发现围岩破碎或压力显现严重，可以进行超前钻孔探测，如果探测到的范围大于围岩松动范围，说明存在采空区或者空巷。当采空区较小或者空巷范围较小时，可以对其进行锚杆、锚索及W型钢带联合支护。

巷道在掘进过程中，需采取快速有效的措施对暴露的巷道实施临时支护。在遇到老空巷道时，工作面迎头临时支护主要采取支设戴帽点柱的方式，点柱支设在工作面新暴露的顶板下，支设成一排，柱距不超过2.0 m，数量视顶板稳定程度确定，点柱数量不少于两根。

永久支护主要采用锚杆锚索联合支护的方式，其中先对巷道进行顶板支护，然后对巷帮进行支护。

5.5.2.2 马丽散加固机理及技术

在开切眼掘进过程中，如直接揭露空巷或采空区，可以采用马丽散(聚亚胺胶脂)加固技术，加固后对巷道或开切眼进行正常支护；如探测钻孔直接探测到采空区或空巷，且距离很近，也可以先进行马丽散加固，然后再进行支护。

马丽散是由两种成分组成的聚亚胺胶脂，具有高度黏合力和很好的机械性能，注射入空巷冒落区后，与煤岩层产生高度黏合，增强空巷冒落区的整体性和承载能力，从而控制空巷冒落区矸石流入工作面，保证回采工作的正常进行。它具有以下特点：黏度低，能很好地渗入微小的裂隙；具有极好地黏合能力，可与松散煤岩很好地黏合；凝固后有良好的柔韧性，能承受随后的采动影响；可与水反应并封闭水流；可提高煤岩支撑力，机械阻力高。

注浆动力系统使用多功能气动注浆泵，如图5-3所示。系统气压为4～7 MPa，采用双液注浆系统，注浆压力为5 MPa。马丽散树脂和马丽散催化剂分别通过进液口A和进液口B进入注浆泵，设在两个管路上的压力计控制压力可以控制两种液体的流量，当马丽散树脂和马丽散催化剂流进搅拌器后，两种物质充分混合，进而通过注浆管路和注浆杆注进事先打好的钻孔。注浆完毕后，用封口器封住注浆口。

施工步骤：① 安装注浆泵及其附件，并固定注射枪；② 将两根吸料管分别置于树脂和催化剂桶内，在注浆泵作用下，将原料送入输送管，输送到注射枪里，通过注射枪注入岩体；③ 当一个孔注浆结束时，停止注浆，用树脂冲洗注射枪头，再注射另一孔，直至注浆全部完成后，用清洗剂清洗多功能泵和注射枪；④ 当一排孔注浆完毕后，在注浆管路后面安装好托盘，封堵注浆孔。

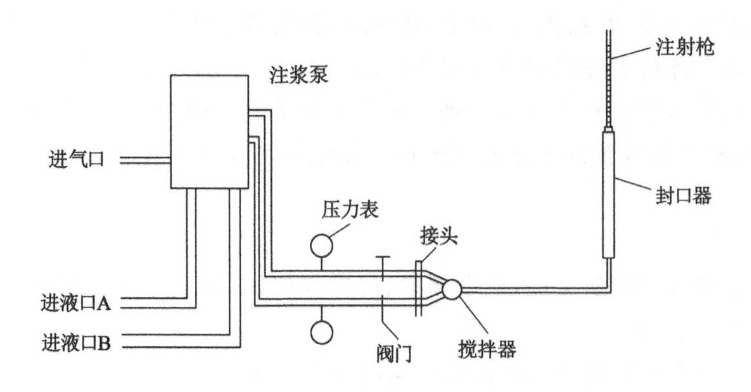

图 5-3　注浆系统布置图

5.5.2.3　排水安全技术措施

在对空巷进行钻探时，如钻孔有水压，要立即停止钻孔。探水小组要在队长指挥下安设排水管路，构筑临时水仓，安设水泵进行排水。当钻孔不流水时，再另打加探眼，确认空巷没水时，方可向空巷掘进。安设排水管路、水泵、构筑临时水仓和排水时必须有专职瓦斯检查工经常检查工作地点的瓦斯和二氧化碳浓度，发现问题及时上报矿调度室、项目部调度室和值班领导。

第 6 章　遗留煤炭资源开采技术与装备

6.1　遗留煤炭资源开采布置原则

6.1.1　单一走向长壁采煤法布置原则

单一走向长壁采煤法指的是一次将整层煤层采完，主要用于近水平、缓(倾)斜和中斜薄及中厚煤层。20 世纪 80 年代以来，由于采用了新型综采设备，我国多处煤矿对 3.5～6.0 m 厚的近水平和缓(倾)斜煤层成功地实现了一次采全高开采。

6.1.1.1　采区巷道布置

单一走向长壁采煤法采区巷道布置如图 6-1 所示。该采区划分为三个区段，准备该采区时，在采区运输石门接近煤层处，开掘采区下部车场。从该车场向上，沿煤层同时开掘轨道上山和运输上山，至采区上部边界后，通过采区上部车场与采区回风石门连通，形成通风系统。

采区巷道掘进的原则是：尽量平行作业，尽快形成全负压通风系统。

为准备第一区段内的采煤工作面，在该区段上部开掘工作面回风平巷。在上山附近第一区段下部开掘中部车场。用双巷布置与掘进的方法，向采区两翼边界同时开掘第一区段工作面的运输平巷和第二区段工作面的回风平巷，回风平巷超前运输平巷 100～150 m 掘进，两巷道间每隔 100 m 左右用联络巷连通。沿倾斜方向两巷道间的煤柱宽度一般为 8～20 m，采高较小、煤层较硬和较薄时取小值，反之取大值。

本区段的运输平巷、回风平巷及下区段的回风平巷掘至采区走向边界线后，在长壁工作面初采位置沿倾斜方向由下向上开掘开切眼，工作面投产后，开切眼就成为初始的工作面。

在掘进上述巷道的同时，还要开掘采区煤仓、变电所、绞车房和回风斜巷，在以上巷道和硐室中安装并调试所需的提升、运输、供电和采煤设备后，第一区段内的两翼工作面便可投产。

这种先开掘出回采巷道，然后采煤工作面由采区边界向上山方向推进的开采顺序称为工作面后退式开采顺序。

随着第一区段工作面采煤的进行，应及时开掘第二区段的中部车场、运输平巷、开切眼和第三区段的回风平巷，准备出第二区段的工作面，以保证采区内工作面的正常生产和接替。

6.1.1.2　采区生产系统

采区生产系统由采区正常生产所需的巷道、硐室、装备、管线和动力供应装置等组成。

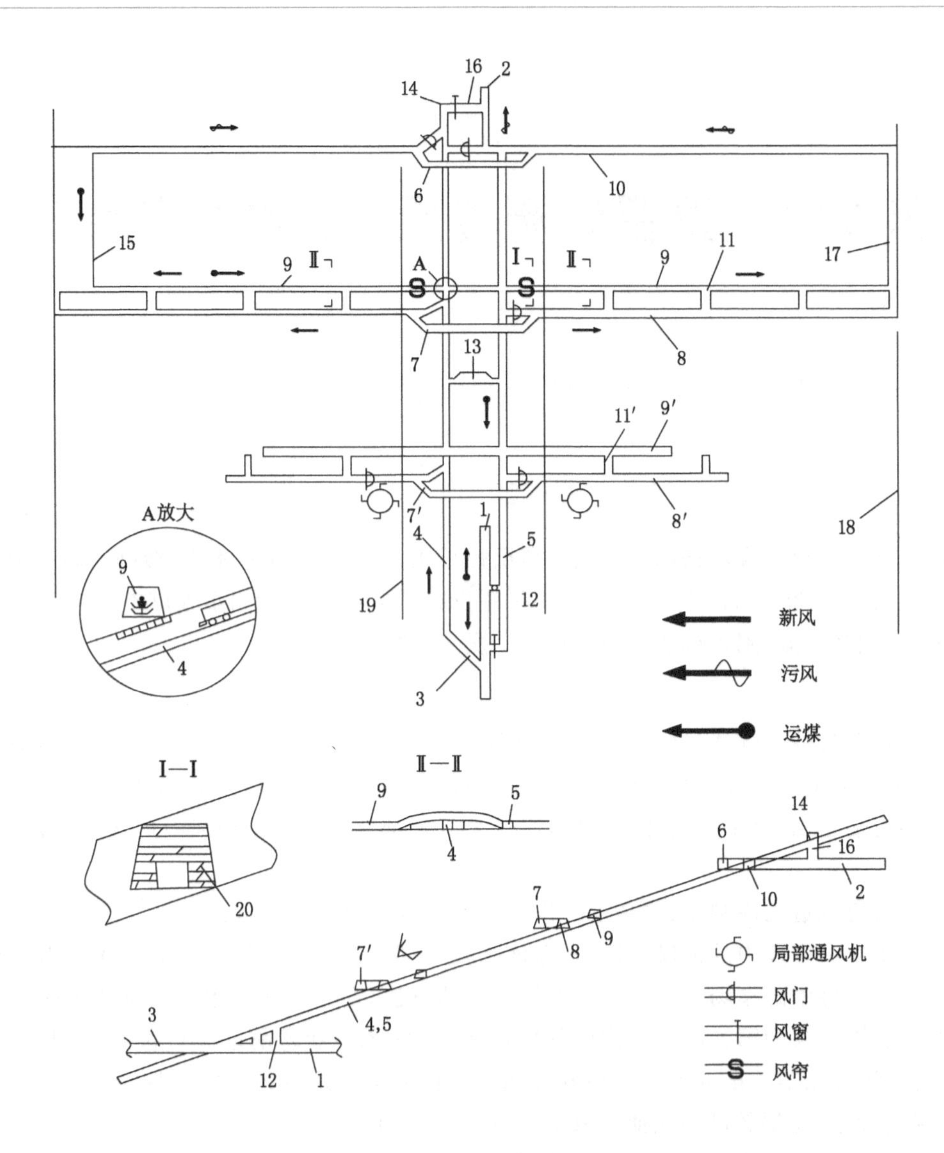

1—采区运输石门；2—采区回风石门；3—采区下部车场；4—轨道上山；5—运输上山；6—采区上部车场；7,7′—采区中部车场；8,8′,10—区段回风平巷；9,9′—区段运输平巷；11,11′—区段联络巷；12—采区煤仓；13—采区变电所；14—采区绞车房；15—采煤工作面；16—采区绞车房回风斜巷；17—开切眼；18—采区走向边界线；19—工作面停采线；20—木板。

图 6-1　单一走向长壁采煤法上山采区巷道布置

(1) 运煤系统

运输平巷内多铺设带式输送机运煤。根据倾角不同，运输上山内可选用带式输送机、刮板输送机或自溜运输方式。

运到工作面下端的煤，经运输平巷和运输上山到采区煤仓上口进入采区煤仓，在采区运输石门的采区煤仓下口装车，然后整列车驶向井底车场。采区石门中也可以铺设带式输送机运煤，与大巷带式输送机搭接。

(2) 通风系统

为排出和冲淡采煤和掘进工作面的煤尘、岩尘、烟雾以及从煤层和岩层中涌出的瓦斯，改善采区工作面作业环境，必须源源不断地为采区工作面和一些硐室供应新鲜风流。在采区上山没有与采区回风石门掘通之前，上山掘进通风只能靠局部通风机供风。

① 采煤工作面

新鲜风流从采区运输石门进入，经下部车场、轨道上山、中部车场，分两翼经下区段的回风平巷、联络巷、运输平巷到达工作面，工作面出来的污风进入回风平巷，右翼直接进入采区回风石门，左翼经车场绕道进入采区回风石门。为减少漏风，在靠近上山附近的运输平巷中用木板封闭，只留出输送机的断面，并吊挂风帘。

② 掘进工作面

新鲜风流从轨道上山经中部车场分两翼送至平巷，经平巷内的局部通风机通过风筒压至掘进工作面，污风流通过联络巷进入运输平巷，经运输上山排入采区回风石门。

③ 硐室

采区绞车房和变电所需要的新鲜风流由轨道上山直接供给，绞车房和变电所内的污风经调节风窗分别进入采区回风石门和运输上山。煤仓不通风，底部必须有余煤，煤仓上口直接由采区运输石门通过联络巷中的调节风窗供风。

(3) 运料排矸系统

第一区段内采煤工作面所需的材料和设备由采区运输石门运入下部车场，经轨道上山由绞车牵引到上部车场，然后经回风平巷送至两翼工作面。区段运输平巷和下区段回风平巷所需的物料自轨道上山经中部车场运入，掘进巷道时所出的煤和矸石一般利用矿车从各平巷运出，经轨道上山运至下部车场。

(4) 供电系统

高压电缆经采区运输石门、下部车场、运输上山至采区变电所或工作面移动变电站，经降压后分别引向采掘工作面的用电装备、绞车房和运输上山输送机等用电地点。

(5) 压气和供水系统

掘进采区车场、硐室等岩石工程所需的压气、工作面平巷以及上山输送机装载点所需的降尘喷雾用水分别由专用管路送至采区用气和用水地点

6.1.2　倾斜长壁采煤法布置原则

长壁工作面沿走向布置，沿倾斜推进的采煤方法称为倾斜长壁采煤法，主要用于倾角小于 12°的煤层，可以选择炮采、普采和综采工艺。与走向长壁采煤法的主要区别在于回采巷道布置的方向不同，相当于走向长壁采煤法中的区段旋转了 90°，原区段变为倾斜分带，原区段平巷变为分带斜巷。

6.1.2.1　带区巷道布置

一般在开采水平，沿煤层走向方向，根据煤层厚度、硬度、顶底板稳定性及走向变化程度，在煤层中或岩层中开掘水平运输大巷和回风大巷。在水平大巷两侧沿煤层走向划分为若干分带，由相邻较近的若干分带组成并具有独立生产系统的区域叫带区。由两个分带组成的单一煤层带区巷道布置如图 6-2 所示。

巷道掘进顺序为，自运输大巷开掘带区装车站下部车场、进风行人斜巷、煤仓，然后在煤层中沿倾斜掘进分带运输进风斜巷至上部边界。

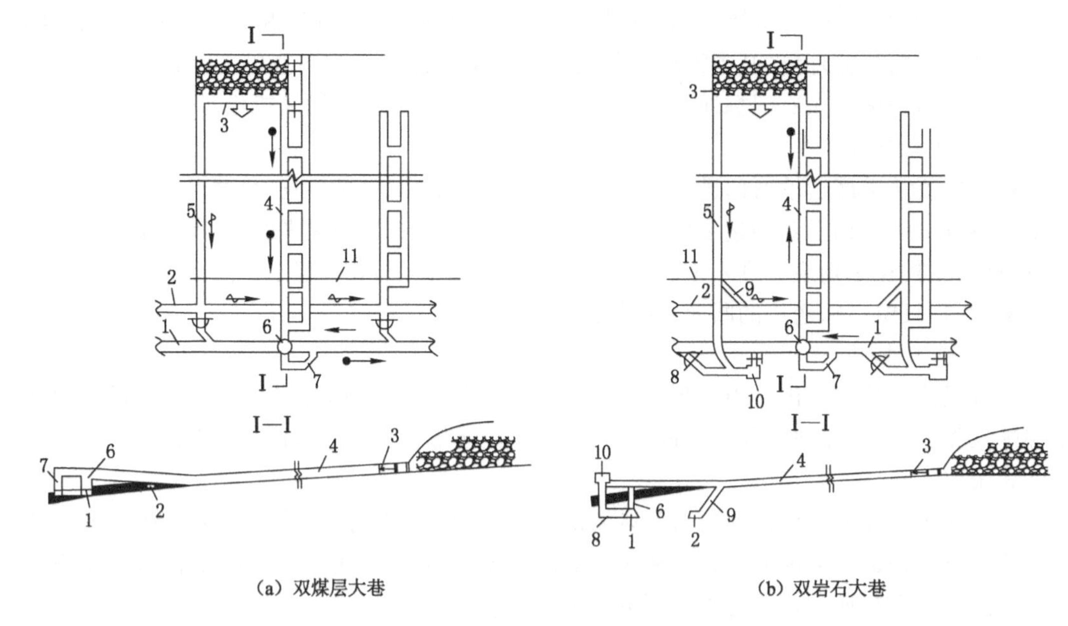

(a) 双煤层大巷　　(b) 双岩石大巷

1—运输大巷；2—回风大巷；3—采煤工作面；4—工作面运输进风斜巷；5—工作面回风运料斜巷；
6—煤仓；7—进风行人斜巷；8—材料车场；9—回风斜巷；10—绞车房；11—工作面停采线。

图 6-2　倾斜长壁采煤法

大巷布置在煤层中时，为了达到需要的煤仓高度，分带工作面运输斜巷在接近煤仓处向上抬起，变为石门进入煤层。同时，自运输大巷沿煤层倾斜向上掘进分带工作面回风运料斜巷，与回风大巷平面相交。

大巷布置在煤层底板岩层中时，还要开掘辅助运输材料车场 8 和回风斜巷 9，并沿煤层倾斜向上掘进分带工作面回风运料斜巷。

运输进风斜巷和回风运料斜巷掘至上部边界后，即可沿煤层掘进开切眼，连通 4 和 5。在开切眼内安装工作面设备，经调试后，沿俯斜推进的倾斜长壁工作面即可进行采煤。近年来，一些矿井尝试使用无煤仓的带区巷道布置，即运输斜巷的煤经带式输送机直接转载到运输大巷内的带式输送机上，取消了煤仓，使系统更加简单。

对于下山部分，则可由水平大巷向下俯斜开掘分带斜巷，至下部边界后，掘出开切眼，布置沿仰斜推进的长壁工作面。

6.1.2.2　生产系统

由于带区巷道布置简单，各生产系统也相对简单。运输斜巷中多铺设带式输送机运煤，回风运料斜巷中的辅助运输，可采用小绞车，将其布置在巷道一侧，多级上运；也可采用无极绳绞车运输。机械化水平较高的生产矿井中，可采用无轨胶轮车、单轨吊、卡轨车和齿轨车辅助运输。

工作面主要生产系统如图 6-2 所示。

运煤：3→4→6→1。

通风：1→7→4→3→5→2，或 1→7→4→3→5→9→2。

运料：1→5→3，或 1→8→5→3。

6.1.2.3　带区参数

带区的参数包括分带工作面长度、分带倾斜长度、分带数目和带区走向长度。

(1) 工作面长度

分带工作面长度等于走向长壁工作面长度，由于煤层倾角相对较小，有利于先进的采煤装备发挥优势，因而，在煤层厚度和采煤工艺方式相同时，倾斜长壁工作面相对较长。工作面长度一般在 150 m 左右，最高可达 250 m 以上。我国神东矿区工作面长度已达到 240～300 m。

(2) 分带倾斜长度

分带工作面的倾斜长度就是工作面连续推进的距离，约为上山或下山阶段斜长。我国《煤炭工业矿井设计规范》(GB 50215—2015)规定，分带倾斜长度不宜少于工作面一年的连续推进长度。一般上山部分的倾斜长度宜为 1 000～1 500 m 或者更长，下山部分的倾斜长度为 700～1 200 m。

6.1.3　厚煤层倾斜分层长壁下行垮落采煤法布置原则

倾斜分层长壁采煤法是我国长期应用的一种厚煤层采煤方法。通常把近水平、缓(倾)斜及中斜厚煤层用平行于煤层层面的斜面划分为若干个厚 2.0～3.0 m 的分层，然后逐层开采。根据煤层倾角不同，可以采用走向长壁或倾斜长壁采煤法。

分层间一般采用下行开采顺序，用垮落法处理采空区，上分层开采后，以下的各分层在已经垮落的顶板下开采。为确保下分层开采安全，上分层一般要铺设人工假顶或形成再生顶板。

在同一个区段范围内上下两个分层同时开采时，称为分层间采，反之，称为分层分采。

6.1.3.1　采区巷道布置

分层分采可进一步分为两种形式，一种是在同一区段内，待上分层全部采完后，再掘进下分层的回采巷道，而后回采；另一种是在同一采区内，待各区段上分层全部采完后，再掘进下分层的回采巷道和回采，俗称“大剥皮”。

厚煤层分层分采的采区巷道布置如图 6-3 所示。图 6-3 中厚煤层分 3 个分层，整个采区内采完上分层后再采之下的分层。

由大巷开掘采区下部车场，两条上山布置在底板岩层中，一般距煤层底板 10～15 m，两者沿走向水平距离一般为 20～25 m，在层位上两条上山相错 3～4 m(也可在同一层位)。上山掘至采区上部边界变平后，与回风大巷相通，构成负压通风系统。同时需要开掘采区煤仓、绞车房和变电所。

通过运输上山开掘区段运输石门和区段溜煤眼与区段运输平巷相连，通过轨道上山开掘区段进风运料石门与下区段回风平巷相连。

回采巷道采用双巷布置，也可以采用单巷布置，沿空掘巷。

6.1.3.2　生产系统

(1) 运煤

运输上山和运输平巷中铺设带式输送机，采煤工作面的运煤线路为 14→11→8→17→4→19→1。

(2) 通风

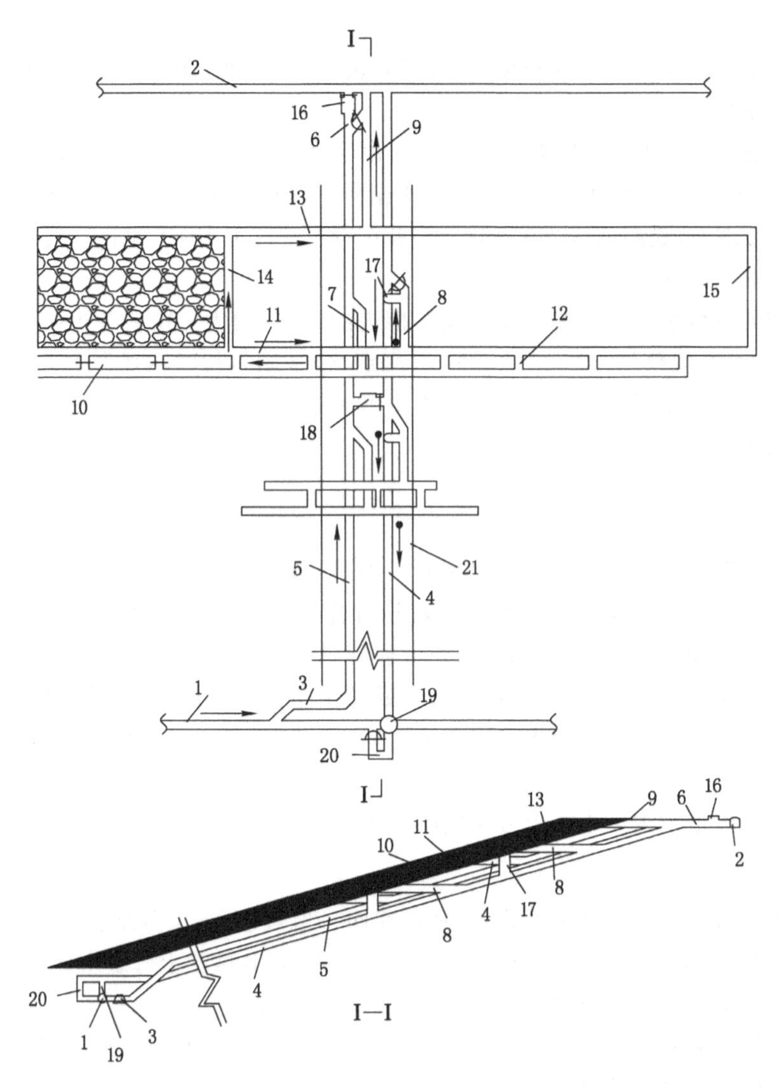

1—运输大巷;2—回风大巷;3—采区下部车场;4—运输上山;5—轨道上山;6—采区上部车场;7—区段进风运料石门;8—区段运输石门;9—第一区段回风石门;10—第二区段第一分层回风运料平巷;11—第一区段第一分层运输平巷;12—第一分层区段联络巷;13—第一区段第一分层回风运料平巷;14—第一区段第一分层工作面;15—第一区段第一分层开切眼;16—采区绞车房;17—区段溜煤眼;18—采区变电所;19—采区煤仓;20—行人斜巷;21—停采线。

图 6-3 厚煤层倾斜分层走向长壁下行垮落采煤法分层分采采区

采煤工作面通风线路为:1→3→5→7→10→12→11→14→13→9→2。

第一区段采完,第二区段工作面生产时,打开第一区段运输石门中的风门,污风可以由区段运输石门进入运输上山。掘进工作面所需的新鲜风流用局部通风机从轨道上山引入,污风经运输上山排至回风大巷。

硐室采区绞车房和变电所所需的新风由轨道上山直接供给。为使风流能按上述路线流通,在相应地点设置风门和调节风窗等通风设施。

(3) 运料排矸

采煤工作面运料排矸线路为：1→3→5→6→9→13→14。

第二区段工作面生产时，装备由区段运料石门运入。

掘进工作面物料自轨道上山经中部石门车场送入，所运的煤和矸石由矿车从各平巷运至中部车场，经轨道上山运至下部车场。

6.1.4　房柱式采煤法布置原则

柱式体系采煤法可分为房式和房柱式采煤法，有时房式采煤法也称为巷柱式采煤法。

在煤层内开掘一系列称为煤房的巷道，煤房左右用联络巷相连，这样就形成一定尺寸的煤柱。煤柱可留下不采，用以支撑顶板，或在煤房采完后，再将煤柱按要求尽可能采出，前者称为房式采煤法，后者称为房柱式采煤法。

按装备不同，柱式体系采煤法可分为传统的钻眼爆破工艺和高度机械化的连续采煤机采煤工艺两大类。

我国地方煤矿，特别是乡镇煤矿应用机械化水平低的柱式体系采煤法较多。近年来我国部分大型现代化矿井也引进了连续采煤机等配套设备，提高了机械化程度。部分矿井用于回收边角煤柱或地质破坏带煤柱。

房式采煤法的特点是只采煤房不回收煤柱，用房间煤柱支撑上覆岩层。煤房宽度取决于采高、采深、顶底板稳定性及设备。采用连续采煤机开采时的煤房宽度多为 5～7 m，钻眼爆破开采时的煤房宽度多小于 4 m。以下只对房式采煤法进行介绍，

6.1.4.1　盘区巷道布置示例

美国某矿采用房式采煤方法的巷道布置如图 6-4 所示，主巷 5 条，盘区准备巷道 3 条，在盘区巷两侧布置煤房，形成区段。区段内 6 个煤房同时推进。房宽 7 m，煤柱尺寸为 3 m×8 m，区段间煤柱宽度为 8 m，因受地质构造影响，煤房长约 220 m。

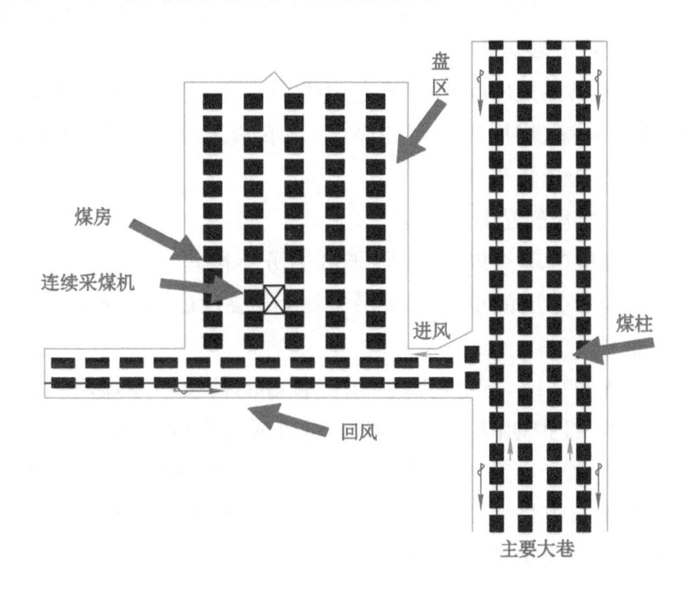

图 6-4　房柱式开采巷道布置

6.1.4.2 房式采煤法技术参数

(1) 平巷数目

根据运输、行人、工作面推进速度、顶板管理方式及通风能力综合确定平巷数目，因为掘进和采煤合一，因而多条巷道并列布置对生产及通风更有利。通常主副平巷为5～8条，一般中间数条进风，两侧回风。区段平巷为3～5条。由于通风和安全的要求，还需同时开掘横向联络巷贯通各条平巷。

(2) 煤柱尺寸

煤柱尺寸由上覆岩层厚度、煤层和底板强度确定，常留设8～20 m宽的煤柱。

(3) 煤房采高、采宽及截深

连续采煤机采高可达4 m，当煤层厚度小于4 m时应一次采全高；对于厚度过大的煤层，只能开采优质部分，其余弃于采空区。煤房因采用锚杆支护，宽度一般不应超过6 m，否则，应采用锚杆和支柱两种支护方式；如果煤层顶板破碎，宽度通常仅为5 m。

6.1.5 准备巷道布置原则

实际应用中，上山采区多于下山采区，采区下山的布置原则同采区上山。以下就采区上山布置加以分析。

6.1.5.1 采区上山位置的选择

采区上山可以布置在煤层中或底板岩层中；对于煤层群联合布置的采区，其位置有布置在煤层群的上部、中部或下部的问题。

(1) 煤层上山

上山布置在煤层中，掘进容易、费用低、速度快，联络巷道工程量少，生产系统较简单，并可补充勘探资料。主要问题是受煤层倾角变化和煤层走向影响较大，特别是生产期间维护比较困难。但受工作面采动影响较小。

改进支护、加大上山煤柱尺寸可以改善上山维护条件，但会增加一定的煤炭损失。煤层上山的维护难度取决于采深、煤层的强度和厚度、顶底板岩性、煤柱大小和服务时间，在维护不困难的条件下，应优先选择煤层上山。

在下列条件下可以考虑布置煤层上山：

① 开采薄或中厚煤层的单一煤层采区，采区服务年限短。

② 浅部开采只有两个分层的单一厚煤层采区，煤层顶底板岩性比较稳定，煤层硬度在中硬以上，上山不难维护。

③ 煤层群联合准备的采区，下部有维护条件较好的薄及中厚煤层。

④ 为部分煤层服务、维护期限不长，专用于通风或运煤的上山。

采用煤层上山时，随着采煤工作面向上山方向推进，上山将逐渐受工作面前支承压力影响，其受采动影响的程度与煤柱宽度和处于一侧采动还是两侧采动有关。布置在厚煤层中的采区上山，受两侧采动影响维护往往相当困难，特别是在深井中。

(2) 岩层上山

对单一厚煤层采区和联合准备采区，特别是在深井中，为改善上山的维护条件，目前多将上山布置在煤层底板岩层中，其技术经济效果比较显著。岩层上山与煤层上山相比，掘进速度慢，准备时间长，受煤层倾角变化和走向断层影响小，维护条件好，维护费用低，巷道围岩较煤层坚硬，同时上山又离开了煤层一段距离，采动影响较小。从维护来说，上山要布置在整体性强、分层厚度大、强度高的稳定岩层中，还要与煤层底板保持一定距离，这是由于支承压力是按照衰减和扩展的规律向底板岩层中传播的，距煤层底板愈远，上山受采动影响愈小。另外，从掘进工程量来说，上山与煤层底板距离加大后，联络巷道的工程量就要增加。一般条件下，视围岩性质，采区岩层上山与煤层底板间的法线距离一般为 15～30 m 比较合适，法线距离达到规定的距离后，还需要考虑以更加稳定的岩层作为上山巷道的布置层位，应优先考虑岩性选择。

6.1.5.2 上山的层位与坡度

联合布置的采区集中上山通常都布置在下部煤层或其底板岩层中，主要考虑因素是适应煤层下行开采顺序，减少煤柱损失和便于维护。否则，为了保护煤层上部的上山及车场巷道，必须在其下部的煤层中按照岩层移动角留设宽度较大的煤柱，下部煤层距上山愈远，所要保留的煤柱尺寸愈大。

在下部煤层的底板岩层距含水或涌水量特别大的岩层很近的条件下，如在华北和华东的某些矿井中，煤系底板距含水丰富的奥陶纪石灰岩很近，开掘上山有透水淹井的危险时，可将上山布置在煤层群的中部。

采区上山的倾角，一般应与煤层的倾角一致，当煤层倾角有变化时，为便于使用，应使上山尽可能保持适当的固定坡度。另外在岩层中开掘的岩石上山，有时为了适应带式输送机运煤或实现煤炭自溜运输的需要，可以穿层布置。

6.1.5.3 采区上山数量及相对位置

(1) 上山条数

采区上山至少有两条才能形成完善的生产系统，一条用于运煤，称为运输上山；另一条用于辅助运输，多铺设轨道，称为轨道上山，如图 6-5 所示。

《煤矿安全规程》第一百四十九条规定，高瓦斯矿井、突出矿井的每个采(盘)区和开采容易自燃煤层的采(盘)区，必须设置至少 1 条专用回风巷；低瓦斯矿井开采煤层群和分层开采采用联合布置的采(盘)区，必须设置 1 条专用回风巷。

采区进、回风巷必须贯穿整个采区，严禁一段为进风巷，一段为回风巷。

根据生产进展、开采条件变化和安全要求，可以增设第三条用于专门通风和行人的上山，例如对于如下采区：

① 生产能力大的厚煤层采区，或煤层群集中联合准备采区。

② 生产能力较大、瓦斯涌出量很大的采区，特别是下山采区。

③ 生产能力较大，经常出现上下区段同时生产，需要简化通风系统的采区。

④ 运输上山和轨道上山均布置在底板岩层中，需要探清煤层情况，或为提前掘进其他采区巷道的采区。

增设的上山一般专用于通风，也可用于行人和辅助提升运输(临时)。增设的上山，特别是服务期不长的上山，多沿煤层布置，以便减少掘进费用，并能起到探清煤层情况的作用。

(2) 上山配置

按上山的层位和数目，布置一组上山的采区，其配置主要有双煤上山、一岩一煤上山、双

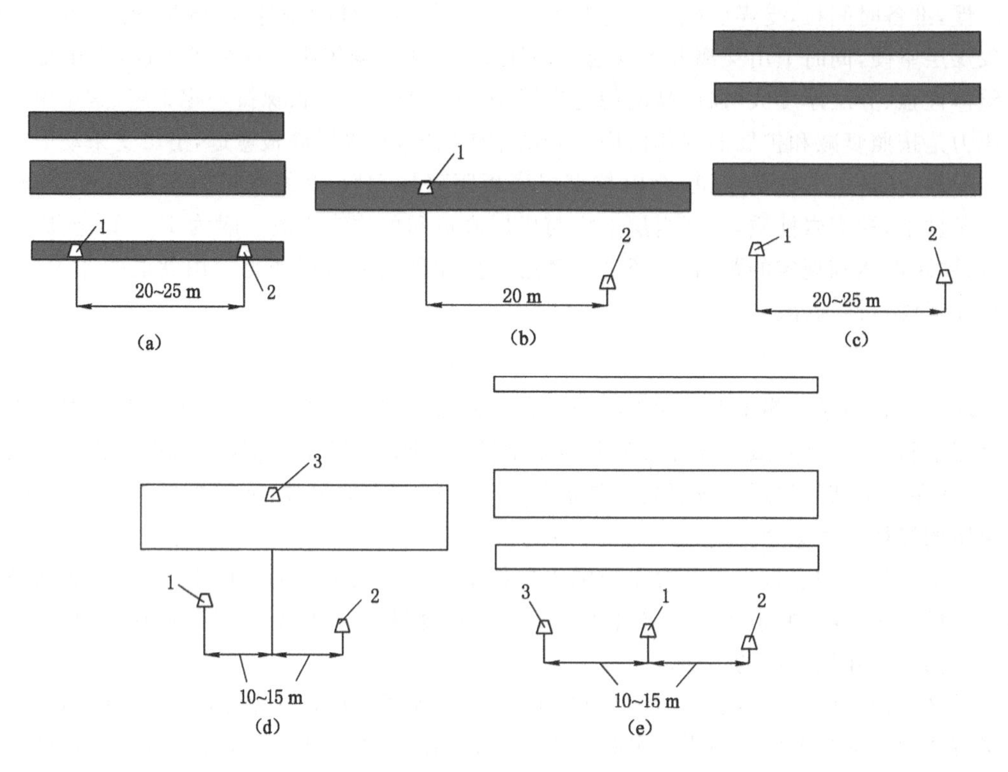

1—轨道上山；2—运输上山；3—行人通风上山。

图 6-5　采区上山位置与数量

岩上山、两岩一煤上山和三岩上山五种类型，布置煤层上山还是岩层上山主要取决于维护条件，上山的数目取决于服务煤层的层数、储量、采区生产能力、瓦斯和通风系统复杂程度、安全和进一步勘探的要求。

(3) 上山间相互位置

采区上山之间在层面上需要保持一定的水平距离，采用两条岩层上山布置，其间距一般为 20～25 m 采用三条岩层上山布置，两上山之间的水平距离可缩小至 10～15 m。上山间距过大时，上山间的联络巷长度增大，若是煤层上山，还要相应增大煤柱宽度。上山间距过小，则不利于保证施工质量和上山维护，也不便于利用上山间的联络巷作采区机电硐室，而且中部车场布置困难。

采区上山之间在垂面上的相互位置，既可以在同一层位上，也可使两条上山之间在层位上保持一定高差。为便于运煤和布置区段溜煤眼，运输上山可以布置在比轨道上山层位低 3～5 m 处；如果采区涌水量较大，为有利于运输上山运煤，同时也便于布置中部车场，则可将轨道上山布置在低于运输上山层位的位置；当适于布置上山的稳固岩层厚度不大，使两条上山保持一定高差就会造成其中的一条处于软弱破碎的岩层中时，则需采用在同一层位布置上山的方式；当两条上山都布置在同一煤层中，而煤层厚度又大于上山断面高度时，一般都是轨道上山沿煤层顶板掘进，运输上山沿煤层底板布置，以便于处理区段平巷与上山的交叉关系，也可以使两条上山均沿顶板布置，这有利于施工和维护。

(4) 采区边界上山和多组上山布置

一般情况下一个采区布置一组上山，这组上山布置在采区走向一翼便形成单翼采区，布置在采区走向中央便形成双翼采区。

除了在中部设置一组上山外，有的矿在采区一侧或两侧边界，各设置了 1～2 条边界上山。设置采区边界上山的主要作用如下：

① 当采区瓦斯涌出量大，为采用 Z 型或 Y 型等通风方式，采区边界需要布置一条回风上山。

② 在区段间留煤柱护巷，工作面采用往复式开采的条件下，一般要在采区一翼边界再开掘两条上山。

③ 工作面跨过上山开采后，需要在采区一翼形成生产系统。

④ 满足上下区段工作面沿空掘巷的时间要求。

⑤ 在较好的地质条件和开采技术条件下，为增加工作面连续推进长度，减少工作面搬家次数，改善采掘接替关系，一个采区可以布置多组上山，实现工作面跨上山开采。

我国兖州矿区开采厚煤层的采区采用了边界上山和中间上山相结合的布置方式，该布置如图 6-6 所示。其布置特点是在距离煤层 10～20 m 的底板岩层内布置一组或多组采区中间上山，上山的间距以适应综采工作面过溜煤眼时煤层平巷中带式输送机的运输长度为基准，在各带式输送机与煤层运输平巷相交位置处用溜煤眼连通，以形成工作面运输系统；采区各轨道上山用 Y 型联络巷与上下子巷连通，形成辅助运输系统；在停采线以外布置综采工作面设备的撤除巷道，其长度应以能够容纳移动变电站为准，并尽量考虑能为上、下两个工作面服务。

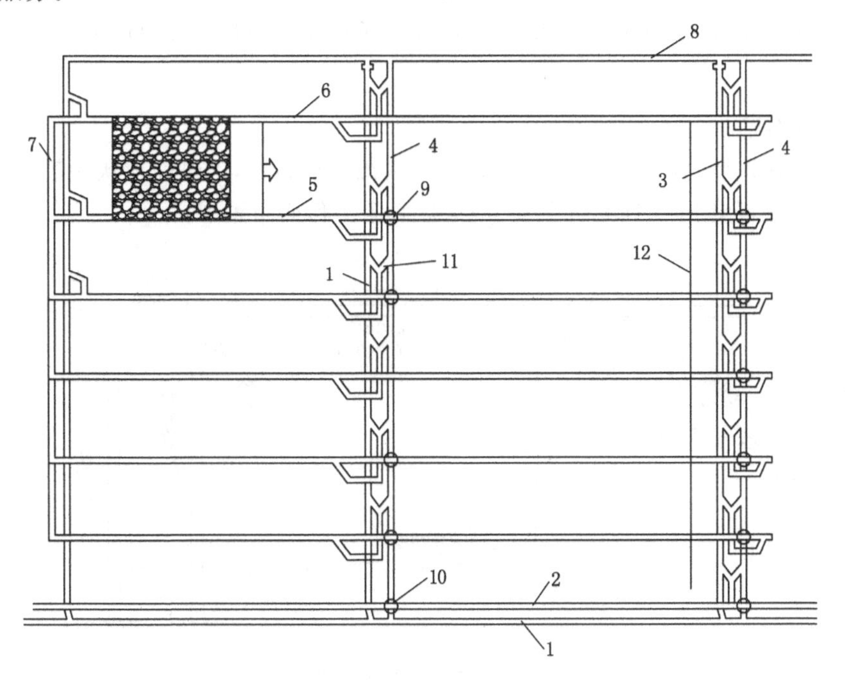

1—轨道大巷；2—运输大巷；3—轨道上山；4—运输上山；5—运输平巷；6—轨道平巷；7—开切眼；
8—回风大巷；9—溜煤眼；10—采区煤仓；11—Y 型联络巷；12—工作面停采线。

图 6-6　边界上山和中间上山相结合的多组采区上山布置

6.1.6 复采采准巷道布置原则

遗煤分布的不规则性决定了复采工作面采准巷道布置的复杂性。遗煤边缘为不规则的老空区、构造带，地质条件复杂，复采采准巷道的布置既要尽可能把采空区遗煤完全圈入复采工作面，提高采出率，又要方便巷道掘进、维护以及高效采煤工艺系统的形成。因此，采准巷道布置是复采要解决的首要问题。为尽可能多地回采遗煤及方便生产系统的形成，复采采准巷道布置多采用沿空掘巷和沿空留巷技术。

6.1.6.1 遗煤采准巷道布置的原则

采准巷道布置是否合理，直接影响生产技术的运用和工作面生产的安全。遗煤开采的特点决定其采准巷道布置应满足以下要求：

(1) 采准巷道布置要利于形成完善的生产系统，运输、通风、疏水、排矸、行人、运料、供电等系统都应完善，保障安全生产。

(2) 尽量利用原有巷道系统，多送煤巷、少送岩巷。由于遗煤块段普遍较小，少则几千吨，多则几万吨，复用巷道以及增加煤巷，可节省投资和增加掘进出煤量。

(3) 尽可能提高遗煤采出率。采准巷道布置时，要充分运用原始资料，分析遗煤边界条件，尽可能把采准巷道布置在遗煤边界，提高遗煤采出率。

(4) 复采工作面风巷和机巷布置形式：运输巷由于运煤胶带布置的要求而呈折线型，回风巷较灵活，曲、折线型布置均可。

(5) 要符合《煤矿安全规程》和其他的有关要求，保证煤矿安全生产。遗煤巷道布置应从完善生产系统出发，依据遗煤煤层变化大、赋存条件复杂的特点加以确定。

6.1.6.2 采准巷道布置形式

(1) 单独布置

根据遗煤区形状，将复采机巷、风巷沿遗煤资源边界布置，工作面形状一般为多边形，单独构成生产系统，如图 6-7 所示为某矿 63 采区复采工作面布置图。

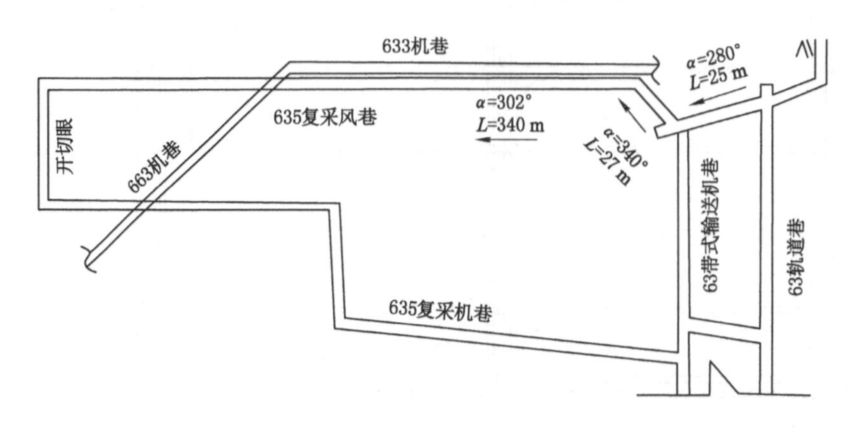

图 6-7 复采采准巷道单独布置

(2) 联合布置

把老空区具有连接关系的遗煤资源和边角煤柱资源块段，根据遗煤分布的几何形状和安全生产的需要，可采取共用生产系统联合布置方式。

根据联合布置共用生产系统的程度，联合布置可分为两类。

① 完全联合布置：把采空区遗留煤和边角煤柱布置在同一工作面的联合布置形式，完全共用采准巷道，如图6-8所示。

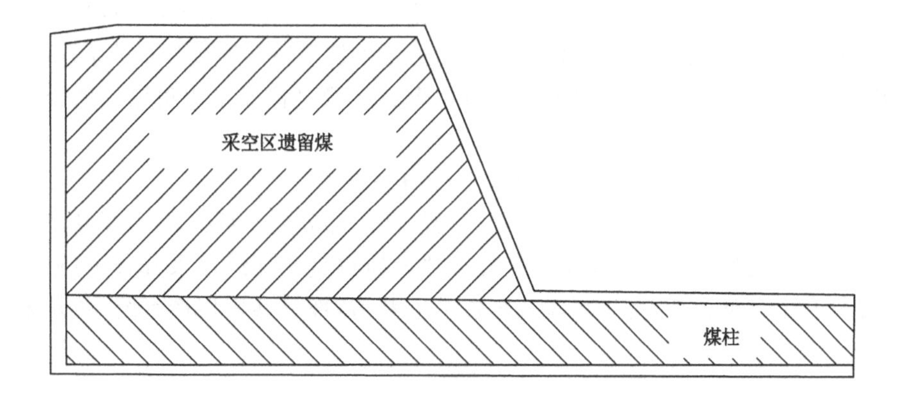

图6-8　复采采准巷道完全联合布置

② 部分联合布置：采空区遗留煤和边角煤柱部分共用一套生产系统，以分区的形式联合布置，如图6-9所示。

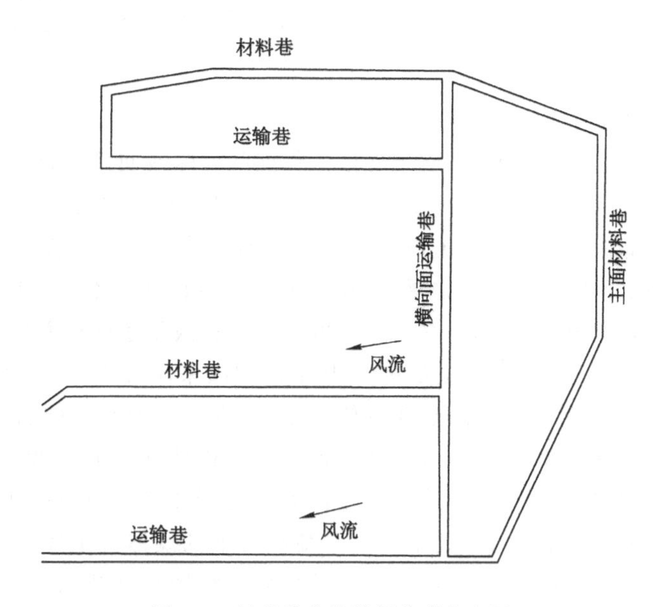

图6-9　复采采准巷道部分联合布置

6.1.6.3　复采方法

根据复采采准巷道布置形式，可以总结出三类复采方法。

(1) 单独布置，单独开采方式(单独布置-单独开采)

它是对采空区复采煤资源，单独布置采准巷道，单独进行复采。这种复采方法适合的条件是采空区遗留煤分布范围大，厚度变化小，呈连续可采分布，或是孤立的采空区煤柱回采。

如对于由于开采条件的限制而遗留在采空区较厚的顶底煤，可在采空区重新单独布置工作面，单独开采。某矿63采区、65采区和70采区受采煤方法限制在采空区遗留厚1 m左右的遗煤，复采采用了单独布置，单独开采的方式。

(2) 联合布置，联合开采方式(联合布置-联合开采)

它是两个或两个以上复采块段资源联合布置，完全共用生产系统，一同开采。联合布置，联合开采方法的适用条件是采空区遗留煤和边角煤柱呈整体连接分布关系，开采条件相似，可采用同一工作面布置开采，如采空区遗留煤和区段煤柱或是边角煤柱联合布置一同回采。

(3) 联合布置，分区开采方式(联合布置-分区开采)

它是两个或两个以上复采块段资源联合布置，共用部分生产系统，各复采块段资源分区开采。这种复采方法适合的条件是采空区复采块段遗煤呈半连续可采分布，与相邻的边角煤柱或厚度煤开采条件相似，可采用联合布置采准巷道，部分共用生产系统，各复采块段独立分区分别开采。

6.1.6.4 复采方法的选择

巷道布置形式和复采方法的选择，都与一定的煤层地质条件密切相关。遗煤复采也要根据具体的煤层赋存条件，进行复采方法的选择。从安全复采、节约投入、提高资源采出率角度，应尽可能采用联合布置。由于在采空区遗留煤和边角煤多半呈连续或半连续分布，因此复采采准巷道布置方式多采用联合布置，复采方法多采用联合布置分区或联合开采的复采方法。

6.1.6.5 复采沿空掘巷

(1) 沿空掘巷原理

沿空掘巷是随着工作面的开采，将上区段工作面的运输或回风平巷废弃，而在下区段回采时沿着上区段采空区边缘在煤体内重新掘进巷道。沿空掘巷可分为完全沿空掘巷、留小煤柱沿空掘巷和局部保留上区段巷道三种方式。遗煤复采工作面布置在老采空区，大部分巷道完全是在老采空区冒落的岩体中掘进，复采工作面巷道基本不具备局部保留上区段巷道的条件。为了提高资源采出率，更多的是采取不留煤柱或留小煤柱方法。

随着工作面回采，采空区上覆岩层垮落，基本顶初次来压形成“O-X”型破断，基本顶周期破断后的岩块沿工作面走向方向形成砌体梁结构，在工作面端头破断形成弧形三角块。弧形三角块断裂在煤壁内部，旋转下沉。随着远离采面和时间的延续，煤层开采沿侧向支承压力带会逐渐趋向缓和与均化，最终成为稳定的残余支承压力。研究表明，在巷道掘进前，围岩运动已经稳定在采空区附近，处于极限平衡状态下的煤体位于残余支承压力分布带。复采工作面采准巷道沿空掘进时，采空区岩体结构处于极限平衡状态下的残存支承压力分布态势。采空区边缘处为已经卸载的松弛区，煤体深部为承载的塑性区和弹性区，如图6-10所示。沿空掘巷在块体B下方，为卸载的松弛区，巷道在块体B的保护作用下，支承压力小。

(2) 沿空掘巷作业技术措施

① 对于顶板容易冒落和易于胶结形成再生假顶、采空区内无积水、煤层倾角不大、工作面瓦斯含量较低的工作面，可以采用完全沿空掘巷。完全沿空掘巷时，应紧贴原废弃的巷道，在煤层边缘的煤体内重新掘巷。

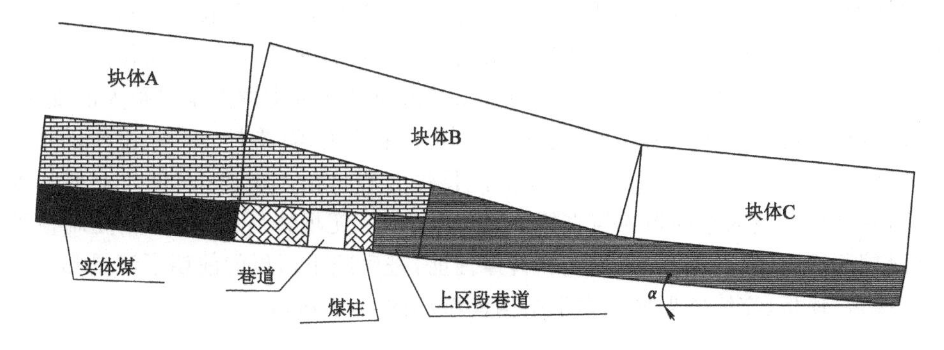

图 6-10 沿空掘巷上覆岩层结构示意图

② 对于不能实施完全沿空掘巷的可采取留小煤柱掘巷方案。留设小煤柱要遵循以下原则：

a. 保证煤柱及巷道处于相对较低的应力环境下，即使煤柱和巷道在侧向形成的稳定结构保护作用下，沿空巷道布置可以保持稳定。

b. 保持窄煤柱自身稳定。窄煤柱的尺寸也将直接关系到窄煤柱自身的承载能力，煤柱过窄，不但煤柱破碎，顶煤及实体煤帮也破碎，巷道围岩整体性差，承载能力小。

c. 隔离采空区。留设的煤柱尺寸应满足隔离采空区，防止漏风、发火，挡矸和防水的要求。

d. 采出率高。煤柱越小，采出率越高，在满足巷道围岩稳定的前提下，尽可能减小窄煤柱宽度。

③ 采用合理的支护形式，控制巷道的变形。在沿空巷道支护中，合理的支护形式对巷道围岩控制起着重要的作用。巷道上覆岩体结构的载荷变化和运动方式决定了巷道在回采期间变形大的必然性，这就要求巷道支护形式能够适应大的围岩变形。

④ 掘进施工期间，采空区顶板岩体结构为临时平衡结构，为减轻爆破对顶板的震动，造成基本顶的滑移失稳，沿空掘巷在采空区侧要放震动炮，最好是用风镐掘进。

⑤ 沿空掘巷施工，在采空区侧严禁空帮，空帮段要用矸石等装实，必要时进行喷浆处理。

6.1.6.6 复采沿空留巷

沿空留巷是工作面运输巷在回采过程中直接采用特殊支护，保持原巷道不冒落，作为下一个采面回风及运料巷的一种开采技术，其技术核心是巷内支护(保证顶板不大面积垮落并具有一定完整性)和巷旁充填(隔离采空区和所留巷道，提供类似于煤柱的支承力，确保留巷稳定)，其关键是要保证巷道能满足下一个工作面回采使用的要求。采用沿空留巷技术，在解决推广无煤柱开采、缓解接续紧张、提高采区采出率、降低掘进率、降低吨煤成本等方面问题上有着广泛应用。复采沿空留巷的主要目的是适应不规则遗煤的形状，方便形成生产系统以回收老空区遗煤资源。如在适当的条件下，采用收作眼留巷，在复采工作面推进至停采线附近时，采用留巷技术使收作眼作为继续回采的运输巷或回风巷使用，既节约了成本，又缩短了工作面重新准备时间，提高了生产效率。

(1) 沿空留巷机理

工作面的推进引起基本顶的破断、失稳、剧烈沉降使工作面超前移动支承压力和倾向固定支承压力叠加作用在沿空巷道上，巷道变形与工作面端部来压同步，在砌体梁平衡结构的形成过程中，关键层岩块的回转与下沉使沿空留巷的煤帮作为支撑点承受很大的支承压力，形成了错动离层带区、二次破断区和微破裂区。进行巷旁充填（支护）后，随工作面推进构筑的充填体及时支护顶煤及直接顶，确保巷道内顶煤与直接顶不破碎，避免与上部基本顶离层，并切断巷道靠采空区侧的顶煤与直接顶，以减小巷旁充填体所受压力，能控制顶板破断位置，以保护巷道内顶板（煤）的完整性和自撑性能，进而减小顶板的前期下沉量和巷道断面收缩率。煤帮、顶板、充填体形成的力学结构模型如图 6-11 所示。

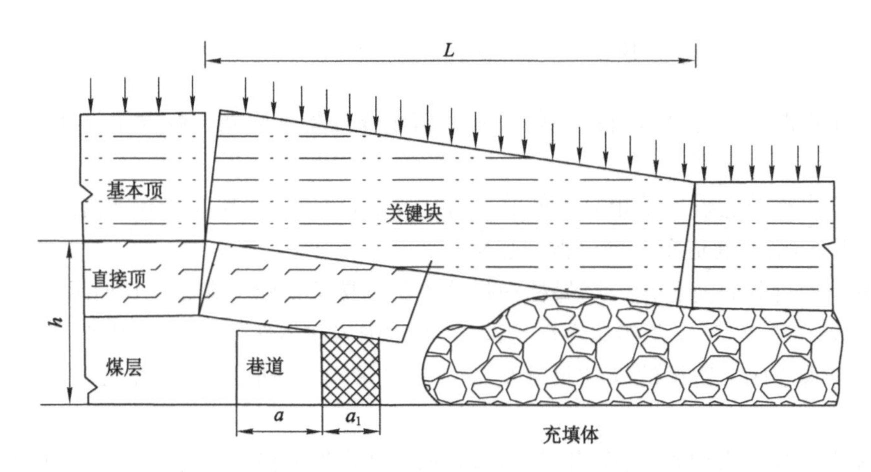

图 6-11　煤帮、顶板、充填体形成的力学结构模型

(2) 沿空留巷作业技术措施

在沿空留巷系统内，巷旁支护和煤帮要承受较大的压力作用，使沿空留巷成功的关键就是要提高巷旁支护和煤帮的强度，从而使系统整体强度增强，以适应采动影响，使其在动压作用后仍能继续使用。

① 巷旁支护材料的选择

沿空留巷的关键是沿空一侧巷旁支护体的材料和性能的选择，要求增阻速度快，并具有合理的支护阻力，能切落一定高度的顶板，具有较大的变形量适应沿空留巷剧烈变形。传统的巷旁支护有木垛、密集支柱、矸石带、混凝土砌块等，现在开发的新型材料有高水速凝材料及膏体材料。

② 沿空留巷巷旁支护技术

沿空留巷巷旁支护成功的关键是确保煤帮及顶板的稳定，防止巷道围岩过度变形，为此，要选择支护阻力大、增阻速度快、适量可缩、巷道维护效果好的支护材料，使支护体适应顶板活动规律。

6.1.7　遗留煤炭资源“三量”规定

为了及时掌握和检查各矿井的采掘关系是否正常与合理，按开采准备程度，将矿井计划开采的可采储量划分为开拓煤量、准备煤量和回采煤量，简称为“三量”，并规定了相应的可采期。

6.1.7.1 “三量”的划分和计算范围

(1) 开拓煤量

开拓煤量是井田范围内已掘进的开拓巷道所圈定的尚未采出的可采储量。

$$Z_k = \sum (Z_{kd} - Z_s - P_k)C \tag{6-1}$$

式中 Z_k——开拓煤量；

Z_{kd}——已开拓范围内的地质储量；

Z_s——已开拓范围内的地质损失，是因地质、水文等而不能采出的煤量；

P_k——开拓范围的可采期内不能开采的煤量，指留设的临时和永久煤柱的煤量；

C——采区采出率。

所谓已开拓范围，是指为开采该部分所需要的开拓巷道已经掘完的部分，包括主井、副井、风井、井底车场、主石门、运输大巷、采区石门、必要的回风石门和总回风道。采用煤层大巷时，大巷超过采区上山 100 m 时才可将该采区划入已开拓部分。采用集中大巷和采区石门布置时集中大巷超过采区石门 50 m、采区石门掘至上部煤层，才可将该采区划入已开拓部分。若未掘完，这一部分煤量不能列入开拓煤量。

(2) 准备煤量

准备煤量是指在开拓煤量范围内，采区、盘区或带区内准备巷道均已开掘完毕，所掘巷道圈定的可采储量，也就是矿井已生产和准备采区、盘区或带区所保有的可采储量。同样，准备巷道未掘完，不能计入相应的准备煤量。

$$Z_z = \sum (Z_{cd} - Z_s - Z_d)C \tag{6-2}$$

式中 Z_z——准备煤量；

Z_{cd}——已生产或准备采区、盘区或带区所保有的地质储量；

Z_s——采区、盘区或带区内的地质损失；

Z_d——呆滞煤量，指准备范围的可采期内不能开采的煤量；

C——采区采出率。

(3) 回采煤量

回采煤量是在准备煤量范围内、已为回采巷道所切割的可采储量，也就是已生产和准备接替的各采煤工作面尚保有的可采储量。

6.1.7.2 “三量”可采期的计算与规定

生产矿井或投产矿井的“三量”实际可采期按式(6-3)计算

$$\left.\begin{aligned} T_k &= \frac{Z_k}{A} \\ T_z &= \frac{Z_z}{A_y} \\ T_h &= \frac{Z_h}{a} \end{aligned}\right\} \tag{6-3}$$

式中 T_k，T_z、T_h——开拓、准备和回采煤量的可采期；

Z_k——期末开拓煤量(生产矿井)或移交时的开拓煤量(投产矿井)；

A——当年计划年产量(生产矿井)或设计生产能力(投产矿井)；

Z_z——期末准备煤量(生产矿井)或移交时的准备煤量(投产矿井);

A_y——当年平均月计划产量(生产井)或平均月设计生产能力(投产矿井);

Z_h——期末回采煤量(生产矿井)或移交时的回采煤量(投产矿井);

a——当年平均月计划或设计产量。

"三量"可采期可作为掌握采掘关系的参考指标。我国曾规定 T_k 一般为 3～5 a 及以上,T_z 一般为 1 a 以上,T_h 一般为 4～6 个月及以上。

这些"三量"的可采期反映了我国煤矿炮采工艺条件下的数据,对于大、中型矿井的机械化工作面,特别是综采工作面已无实际意义。《煤炭工业矿井设计规范》对"三量"的可采期没有专门规定。矿井的"三量"是客观存在的,为了实现采掘平衡,保证正常的水平、采区(盘区或带区)和工作面的接替,"三量"应有合理的可采期,且"三量"应有合理的比例。

6.2 遗留煤炭资源掘进技术

6.2.1 掘进工程安排

矿井采掘关系的具体安排体现在采煤工作面、采区和水平接替计划上,以及在此基础上所做的开拓、准备、回采巷道掘进工程安排和年度采掘计划上。

巷道掘进工程安排基于已定的开拓和准备巷道布置方案,按照配采提出的采煤工作面和采区、盘区或带区接替要求,结合掘进施工力量等因素,确定各类巷道施工顺序和进程,以保证采煤工作面、采区、盘区或带区和开采水平的正常接替,使掘进工程与采煤生产相互匹配,达到采掘关系的协调平衡。

6.2.1.1 掘进工程安排的步骤和方法

(1) 根据已批准的开采水平、采区、盘区或带区以及采煤工作面设计,列出待掘进的巷道名称、类别、断面,并在设计图上测出长度。

(2) 根据掘进施工和设备安装的要求编排各类巷道掘进必须遵循的先后顺序。

(3) 按照采煤工作面、采区、盘区或带区及开采水平接替时间的要求,再加上富裕时间,确定各巷道掘完的最后期限,并根据这一要求编排各巷道的掘进先后顺序。

(4) 根据现有掘进队的能力和巷道掘进任务,安排各掘进队的掘进任务、编制巷道掘进计划表,其内容包括巷道名称、工作量、进度、施工队组、开工和完工时间等。

(5) 根据巷道掘进计划表,检查与其施工有关的运输、通风、动力供应、供水等辅助生产系统能否保证,需要采取的措施,最后确定巷道掘进工程安排计划。

6.2.1.2 掘进工程安排应注意的问题

(1) 分析连锁工程,分清各巷道掘进时的先后、主次关系,确定合理的施工顺序。

(2) 尽早形成掘进巷道的全风压通风系统,为多条巷道同时施工创造条件。

(3) 掘进工程量的测算要符合实际,并留有余地。

(4) 按岩巷、煤巷、半煤岩巷的不同类别,分别安排施工队伍,使各掘进队的施工条件、设备相对稳定,并尽可能使其施工地点相对稳定,搬家地点较近。

(5) 巷道掘进完成的时间要留有一定的富裕,以免发生意外情况时接替不上。在现有的采区、盘区或带区内,采煤工作面结束前 10～15 d,要完成接替工作面的巷道掘进及安装工程;在现有开采水平内,每个采区、盘区或带区减产前 1～1.5 个月,要完成接替采区、盘区或带区内接替工作面的掘进工程和设备安装工程;在现有开采水平内的产量开始递减前 1～1.5 a,要完成下一个开采水平的基本井巷工程和准备、安装工程。

生产矿井出现采掘关系紧张或失调问题,主要是因为巷道进尺没有按计划完成,掘进计划编制有误,造成采煤工作面接替不上,生产缺乏场地。由于回采巷道掘进进尺不足所造成的采掘失调较少,且比较容易加以补救和扭转被动局面;而由于开拓和准备巷道的进尺不足所造成的采掘失调比较严重,且难以在短时间内补救,故应尽量避免。

6.2.2　施工方法

6.2.2.1　正常掘进时期的施工方法

(1) 施工方法

通风路线:掘进工作面回风经回风绕道→回风上山→总回风→回风立井→地面。

运煤路线:回风顺槽左帮安设 1 部带式输送机,煤炭经回风顺槽→带式输送机下山→井底煤库。

运料路线:回风顺槽右帮安装一部循环绞车,材料及设备装材料车,由副斜井、运输大巷、材料运输平巷、材料下山、回风顺槽运料绕道,利用工作面的循环绞车运至物料堆放点,最后由人工搬运至使用地点。

(2) 施工程序

掘进之前,首先完善通风系统,风水管路和出煤、进料系统,再由技术科及时标定巷道的开口位置和中(腰)线,掘进队在施工过程中严格按照标定中线方向施工。

以山西某矿为例,采用掘进机掘进,循环进尺 1.1 m,日进度 6.6 m。开工前,班组长、安全员、瓦检员首先进入工作面,进行安全质量检查,用长柄工具站在有支护的安全地点进行敲帮问顶,确认无问题后,方可正常作业。

巷道定向掘进过程中,要在每班打眼前由当班班长根据技术科标定的中线进行校对,确定无误后方可掘进。当掘进过程中发现中线偏移等问题时必须及时向技术科反映,由技术科进行校对,否则不准掘进。检查各设备完好情况(检查带式输送机、刮板输送机、掘进机各部件),有问题及时处理,不得带病运行。山西某矿正规循环作业示意图见图 6-12。

(3) 作业工艺

采用掘进机沿煤层底板掘进,铺设带式输送机,随掘进延伸,直至施工结束。掘进机施工工艺流程为进刀→截割→修帮→成形。

掘进机截割方式为横向连续摆动截割。

掘进机截割头由巷道底部进刀,然后水平摆动截割,根掘巷道宽度、高度将巷道断面初步截割成形,进而采用临时支护方式维护巷道,再采用永久支护形式维护巷道围岩稳定,最后完成正规循环作业。

6.2.2.2　截割质量要求及措施

顶、帮、底板截割平整,两帮不留伞檐,严格控制超高、超宽,高度、宽度符合设计要求,其误差符合质量标准。

正规循环作业图表

序号	工序名称	用时/min	循环时间（0点班）				循环时间（8点班）				循环时间（16点班）			
			0 h	2 h	4 h	6 h	8 h	10 h	12 h	14 h	16 h	18 h	20 h	22 h
1	交接班(检修、验收)	20												
2	安全检查	10												
3	班探	30												
4	支设钢钎	60												
5	切割	60												
6	安全处理	20												
7	临时支护、防尘	30												
8	架棚	60												
9	验收	10												
10	通风													

图 6-12　正规循环作业示意图

某回风顺槽截割示意图见图 6-13。

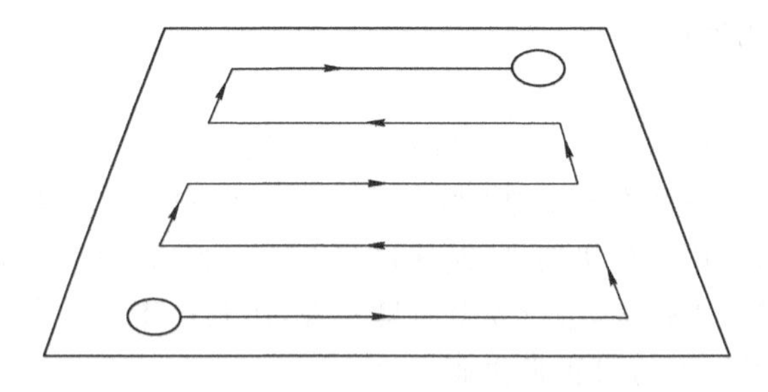

图 6-13　某回风顺槽截割示意图

6.3　遗留煤炭资源掘进装备

煤矿井下赋存条件复杂多变，需要根据地质环境选择适当的掘进装备和制定适合的掘进工艺。适合的掘进工艺是掘进装备实现高效掘进的必要条件。根据掘进装备的现状可知，遗留煤炭资源可选择的装备有悬臂式掘进机、连续采煤机、掘锚一体机和掘支运一体化设备等多种采掘设备。

6.3.1　悬臂式掘进机与综合机械化掘进系统

20 世纪 60 中期至 70 年代初，我国在消化吸收国外技术基础上开始悬臂式掘进机基础性研究，并研制了以截割功率 30～50 kW 为主的轻型掘进机，形成我国第一代悬臂式掘进机。20 世纪 70 年代末到 90 年代初，我国分别从英国、奥地利、日本、苏联、德国等国家引进了 16 种近 200 台悬臂式掘进机，推动了我国煤矿巷道综合机械化掘进的进程。20 世纪 90

年代中期，我国步入了掘进机自主研发阶段，以EBJ-120TP型掘进机为代表的新一代掘进机问世，技术水平跨入了国际先进行列，产量与使用量均居世界第一。通过不断的技术创新，目前我国已研制了截割功率30～500 kW、整机质量18～150 t、从轻型到超重型的20多种系列化掘进机产品，并在煤巷、半煤岩巷及全岩巷中广泛应用，部分产品已实现出口。

煤巷及半煤岩巷掘进机一直占据着掘进作业主力机型的位置。随着我国煤矿开采规模的逐步扩大，全岩巷道掘进工程量增多，重型及超重型岩巷掘进机的市场占比逐年增加，已成为未来掘进机的主要发展方向。围绕岩巷掘进及其除尘技术，在国家科技政策的持续支持下，取得了一批重要成果。

6.3.1.1　EBH315重型掘进机

针对岩巷综合机械化掘进的难题，依托“十一五”国家科技支撑计划项目，山西天地煤机装备有限公司研制了可截割坚固性系数f达12的全岩巷悬臂式掘进机，采用双齿条齿轮回转机构、重载横轴可伸缩截割机构和全功能运行工况实时监测、截割断面监视与记忆截割等技术，经神东大柳塔矿的应用表明，该设备在坡度16°、坚固性系数8～10，局部坚固性系数12的全岩巷道掘进中，月进尺达175 m。

6.3.1.2　智能化超重型岩巷掘进机

针对岩巷掘进机截割效率低的问题，依托国家“863计划”项目，国内首台EBH450智能化超重型岩巷掘进机，攻克掘进机截割工况识别技术和截割转速自动调节技术，实现了自适应截割，该机2016年在阳泉煤业集团完成井下工业性试验，截割岩石单轴抗压强度最大为124 MPa。在单轴抗压强度为80～120 MPa、最大124 MPa的岩巷中试验3个月，累计进尺1 027 m（标准断面8 m^2），最高月进尺达381 m（标准断面8 m^2）。

6.3.1.3　煤矿井下干式除尘系统

针对岩巷掘进粉尘治理的难题，依托国家“863计划”项目，开发了煤矿井下干式除尘系统，采用小体积无龙骨自承式菱形滤袋技术、气动脉冲自动连续清灰技术、低高度Z形风道技术。干式除尘系统除尘效率高，但是体积大，而湿式除尘系统体积小、维护方便，除尘效率较低。干式除尘系统通过在山西潞安进行的工业性试验表明，该系统巷道总粉尘降尘率达95.8％～99.7％，呼吸性粉尘降尘率达93.4％～97.8％。

对比市场上部分重型掘进机性能（表6-1）可见，我国重型掘进机的研制已达国际同类先进水平，下一步需在元部件可靠性、硬岩截割技术、自动控制技术等方面进一步改进提高。

表6-1　部分重型掘进机性能参数对比

重型掘进机型号	EBZ260	EBZ300	EBH315	T720	K5
最大掘进高度/m	5.0	5.0	5.83	6.6	5.35
最大掘进宽度/m	6.0	6.0	7.01	9.1	7.75
煤岩单轴抗压强度/MPa	100	100	120	120	120
整机质量/t	80	85	135	135	120
总功率/kW	426	447	533	555	590
截割功率/kW	260/200	300	315	300	>350

为适应巷道掘进对快速支护的施工要求，掘进机机载锚杆钻机技术自20世纪80年代发展起来，通过在悬臂式掘进机的基础上安装多组锚杆钻机实现掘锚交替作业（图6-14），代表机型有日本MRH-S220型、英国LH1300H型等。该技术于20世纪末被引入我国，但因锚杆钻机的适应性等问题使用效果并不理想，掘进速度没有得到显著提升。目前，国内部分掘进机制造企业研发出多种新型掘进机，并配套自移式临时支护装置，提高了支护作业安全性，降低了锚杆支护劳动强度，但该技术对地质条件要求较高，适应范围受到限制。

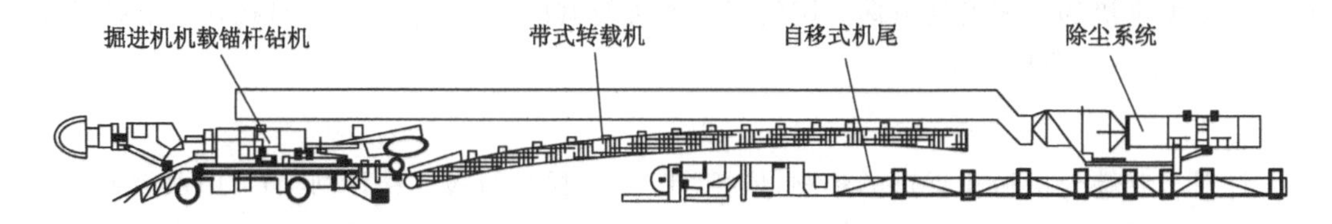

图6-14　综合机械化掘进作业线

6.3.2　连续采煤机与双巷掘进系统

连续采煤机起源于美国，自1948年美国成功研制出第一台连续采煤机以来，已经历70余年发展历程。该装备在20世纪60年代前主要用于房式或房柱式开采，到60年代之后，随着长壁机械化开采的迅速发展，因连续采煤机生产效率高的特点，美国、英国、澳大利亚等国相继将连续采煤机推广到煤巷快速掘进中，目前，连续采煤机已广泛应用在许多国家的房柱式采煤、边角煤回收和巷道快速掘进中。

我国从1979年开始引进连续采煤机进行煤炭开采，前期以单机引进为主，直至20世纪90年代，以神东为代表的大型煤企采用成套引进方式，将连续采煤机及其配套设备用于煤巷掘进，取得了较好的应用效果。神东矿区采用连续采煤机进行巷道掘进，月均进尺达1 100 m。

在国家"十一五"科技支撑计划项目课题"煤柱及不规则块段开采关键技术"的支持下，中国研制出国内首台具有自主知识产权的连续采煤机。目前已研制出采高1.3～5.5 m、截割功率340 kW、多种系列的连续采煤机，并研制了多种型号的锚杆钻车、梭车等配套装备（图6-15），在煤巷掘进、短壁开采、露天边坡开采、钾盐矿开采等领域广泛应用。

国产连续采煤机从初始研制到技术成熟经历了多次技术升级和可靠性提升，解决了一系列重大技术难题：

（1）高可靠性重载截割齿轮箱。针对小体积大功率截割传动造成安全系数低的技术难题，采用双支撑式驱动轮毂和等厚三角形曲轴，实现等体积下传递功率提高30%。

（2）千伏级交流变频牵引调速技术。针对半煤岩截割牵引阻力大、掏槽困难的技术难题，在履带式驱动装置上首次采用1 140 V四象限交流变频调速技术，实现了截割牵引反馈闭环控制，根据不同工况自动调节掏槽速度，同时满足了调速范围广、启动转矩大、过载能力强等工况要求。

（3）连续采煤机导航定位技术。针对薄煤层巷道掘进远程控制及掘进定向的技术难题，开发了连续采煤机惯性导航组合系统。连续采煤机在巷道掘进方面的应用，主要以双巷掘进工艺为主，该工艺采用连续采煤机、锚杆钻车、梭车、破碎机和带式输送机等装备，连续采煤机与锚杆钻车采用交叉换位作业方式（图6-16），即连续采煤机在一侧巷道掘进，锚杆

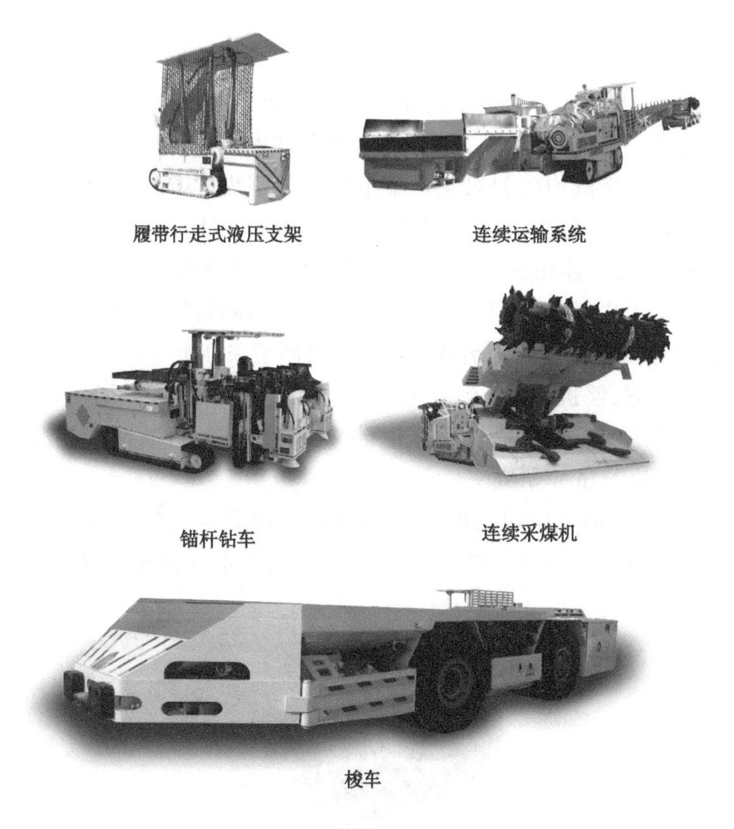

图 6-15 连续采煤机及配套装备

钻车在另一侧巷道进行锚杆支护，当二者各自完成作业工序后互换工位。该工艺解决了掘支平行作业的难题，但该工艺在顶底板中等稳定、具有较大的空顶距(一般≥8 m)的围岩条件下才能充分发挥出较高效率。

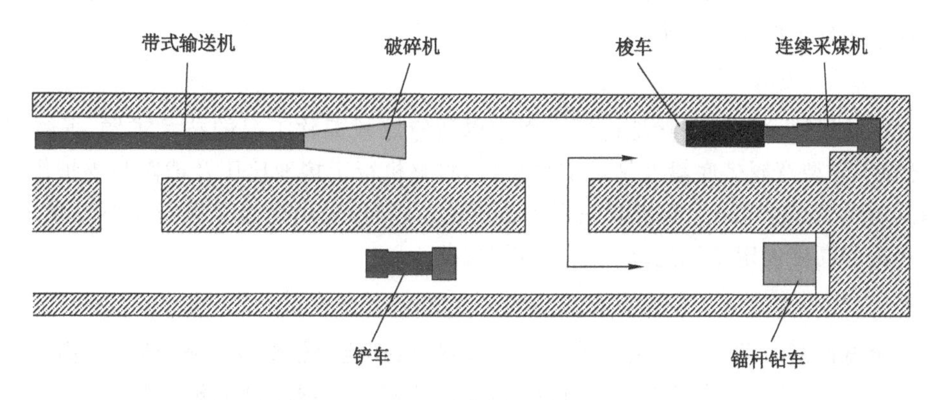

图 6-16 连续采煤机双巷掘进工艺

国产连续采煤机及配套装备在我国煤巷掘进中取得较好的应用效果，2008 年在神东矿区进行巷道掘进，最高月进尺 1 351 m；2016 年在金鸡滩煤矿进行巷道掘进(巷道规格宽 6 m×高 5.4 m)，连续截割断层 296 m，月均进尺达 1 500 m。

6.3.3 掘锚一体机及配套

为提高掘进速度、实现单巷掘进下的掘锚平行作业，1991 年第一台掘锚一体机问世，并在澳大利亚试验成功。该机设计了可相对滑移的主副机架，主机架安装多组锚杆钻机，副机架安装与巷道同宽的截割机构并相对主机架滑动实现割煤，从而实现掘锚平行作业，减少了设备反复碾压对巷道的破坏，巷道一次成型，同时设备空顶距小(≤2 m)，可适应围岩条件较差的工况。目前，掘锚一体机已在综采准备巷道掘进领域中广泛应用，主要分布在美国、南非、澳大利亚、俄罗斯、中国等地，其中我国在用掘锚一体机约 100 台。经过多年发展，奥地利、美国、日本、德国等国掘锚一体机制造企业已经研制了采高 1.2～5.5 m、截宽 4.0～7.2 m、截割功率 200～340 kW、整机质量 60～115 t、30 余种型号、适应不同工况条件的全系列掘锚一体机产品，并在智能掘锚、掘锚探一体化、钻机电液控制、自动铺网等掘锚一体机相关研究领域开展了大量理论与试验研究。

我国对掘锚一体机的研究应用发展较快，目前已形成采高 2.8～5.0 m、截宽 5.0～6.5 m、截割功率 270～340 kW、整机质量 90～110 t 的多系列掘锚一体机产品(图 6-17)。

图 6-17 掘锚一体机

在掘锚一体机研发过程中，相关科研机构在消化吸收国外技术的基础上，结合我国煤矿井下巷道工程实际，开展了大量相关创新技术研究，提高了掘锚一体机的适应性，满足了我国不同地质条件下的使用要求。

6.3.3.1 宽履带低比压底盘

针对国外掘锚一体机因接地比压大而难以适应底板偏软工况的技术难题，通过轻量化设计，研制了轻型宽履带底盘及辅助支撑机构，将整机行走接地比压及截割与支护作业接地比压降低 20%左右，增强了整机对底板的适应性。同时，采用交流变频行走驱动技术，通过大启动转矩和高精度定量调速减少了“卧机”现象。

6.3.3.2 双驱动高速合流重型截割减速器

针对全宽截割时动载荷大引起传动系统发热、截割能力较低等问题，研制了高可靠性截割减速器，该减速器内置齿轮泵和冷却回路，实现截割减速器主动润滑和强制冷却，并通过多种传感器对截割润滑状态监测预警；截割减速器通过双电机驱动、高速级合流，既解决了传统单电机维护不便的难题，同时增加了截割功率及截割能力。

6.3.3.3 前探式临时支护

针对传统临时支护因空顶距大而不能适应破碎顶板的技术难题，研制前探式机载临时支护机构，将临时支护空顶距由 1.0 m 减至 0.4 m，提升了锚护作业安全性，同时提高了锚杆及时主动支护效果。

掘锚一体机煤巷掘进采用一次成巷工艺，即在一个作业循环内，掘进和支护同步进行，当锚杆支护完成一个排距后，系统前移进行下一个作业循环，其后配套一般采用梭车或桥式转载机进行间断或连续的转运。神东矿区是我国应用掘锚一体化技术较成熟的矿区，采用一次成巷工艺平均月进尺达 800 m 左右。与连续采煤机双巷掘进工艺相比，该工艺适用范围广，支护效果好，掘进工效显著，安全性高，因而引起国内外采矿界的广泛关注，被誉为掘进史上的一次技术革命。

尽管掘锚一体机实现了掘锚平行作业，但掘进与支护的作业时间占比仍不均衡，支护与掘进的平行作业率仅 30%左右，掘进速度仍难以满足综采接续的要求，需要进一步创新掘进装备和工艺。

6.3.4 掘支运一体化快速掘进系统

为提高掘支平行作业率，我国通过持续探索攻关，以掘支运一体化平行作业为目标，完成了全球首套快速掘进系统的研制。目前，我国已形成系列化、配套多样化、个性订制化的快速掘进产品谱系。按巷道围岩稳定性条件，掘支运一体化快速掘进系统主要分为稳定围岩条件下和中等稳定围岩条件下两类快速掘进系统。

6.3.4.1 稳定围岩条件下掘支运一体化快速掘进系统

稳定围岩条件是指顶、帮稳定，空顶距和空帮距均大于 20 m 的巷道条件，主要分布于神东、榆林等矿区。稳定围岩条件快速掘进系统主要由掘锚一体机、破碎转载机、跨骑式锚杆钻车、柔性连续运输系统等组成，主要技术特点如下：① 掘支分离、集中支护。跨骑式锚杆钻车机载 10 组钻机，完成所有支护任务，通过跨骑式底盘实现与输送机相对穿行，从而实现了掘、支完全分离、互不影响。② 重叠搭接、连续装运。柔性连续运输系统采用可伸缩带式输送机和迈步式自移机尾重叠搭接，搭接行程达 150 m，满足快速掘进圆班进尺的要求。③ 集中控制、多机协同。以跨骑式锚杆钻车为中心建立中央集中控制系统，实现多设备远程操控、协同作业。④ 作业辅助、减人强安。除尘系统、供电系统、材料存储均有效集成，随系统同步前移，消除相关辅助工序。

3 000 m 级高效快速掘进成套装备系统于 2014 年 8 月在神东大柳塔矿、补连塔矿相继使用，平均月进尺 2 400 m，最高月进尺 3 088 m。

6.3.4.2 中等稳定围岩条件下掘支运一体化快速掘进系统

中等稳定围岩条件是指顶、帮中等稳定，空顶距和空帮距均大于 2.5 m 的巷道条件。中等稳定围岩条件快速掘进系统主要采用掘锚一体机、锚杆转载机、柔性连续运输系统的配套方式。该系统采用分段平行支护工艺，即掘进工作面通过掘锚一体机实现低密度强力锚杆支护控制顶板，后部利用锚杆转载机同步实施增强永久支护，形成“前疏后密，快速推进”协同支护体系。可根据巷道支护参数和围岩自稳性，优化各设备的支护任务，再优化设计锚杆转载机的钻机空间位置，调整行程和数量，提高掘支平行作业率。

千米级快速掘进成套装备系统主要技术特点如下：① 锚索自动连续钻孔。集成自动锚索钻机技术，该钻机利用旋转机构旋转及机械手自动续装钎杆，采用旋转式钎杆仓，一次可存储 9 根，最大钻孔深度可达 11 m。② 支护工艺参数可调。当巷道条件发生变化时，可灵活调整掘锚一体机和锚杆转载机的支护任务，实现安全支护。

千米级快速掘进成套装备系统于 2018 年 6 月在神木汇森凉水井矿投入使用，最高日进尺 75 m，最高月进尺 1 506 m，掘进队人员数量减少 25%。

6.4 遗留煤炭资源回采技术

6.4.1 整层遗煤开采技术

整层遗煤多采用长壁式垮落法开采或充填开采。

复采遗留煤炭资源有利于延长矿井服务年限、提高资源回收率、保持可持续发展。壁式开采法一般适用于机械化程度较高以及装备水平较好的大、中型矿井以及一些有条件的小矿井。如果工作面长度可以布置为超过 80 m，走向或倾斜长壁开采法是首选；反之选用短壁式开采。针对顶底板围岩整体性破坏的难题，可采用垮落法和矿柱式残采区上行开采理论模型和可行性判定的方法，运用具有针对性的开采方法和技术。垮落法残采区上行开采，从下部煤层开采到上部煤层开采，层间岩层经历多个工序的影响，包括下部煤层开采的影响、上部煤层巷道掘进和工作面采动的影响。这些阶段致使上行开采围岩约束条件及载荷条件变化复杂，造成矿压显现及层间岩层稳定性不同。

从绿色开采及地下空间应用角度出发，可运用结构充填开采思想及技术，通过固废资源化充填构建“充填体-直接顶”结构控制岩层移动，实现遗煤开采和地下空间利用的统一。结构充填开采方法根据矿井煤层以及围岩的受力变形特征进行理论分析和计算得到充填的准确位置，通过充填工艺实现充填体和直接顶的复合承载，复合承载结构有较强的承载能力，减少了巷道围岩的变形，同时减少了充填材料的投入，为工作面生产提供了充足的地下空间。结构充填是一种充填率低、结构稳定性强、充填效果好的充填开采，最终实现高效利用矿区固废资源、降低充填成本、改进充填材料与工艺、提高充填效率、合理进行采充规划、对地下开采空间的再利用。充填开采是实现矿井绿色开采的重要途径，降低充填成本的同时实现了高强度的支护，为工作面的安全推进提供了重要保障。

6.4.2 块段遗煤开采技术

(1) 以保护煤柱、特殊开采方式遗留的煤柱及边角煤为特征的块段遗煤采用短壁或者柱式采煤法开采。

边角煤及各种煤柱复采的实例非常多，伊泰集团采用连续采煤机开采遗留煤柱，岱庄煤矿采用充填采空区的方式回收条带煤柱，诸多衰老矿井也都进行了各种保护煤柱的回采。这些矿区由于开采历史时间较长，保有资源储量不多，接续后备矿区不足，所以更重视各种先进采煤技术的应用和实践。各矿根据工作面的具体情况，合理布置采区巷道位置，适当加大工作面走向长度。工作面的进风巷和回风巷掘进时，尽量采取沿空掘巷的设计，减少或不留设区段煤柱，提高采区采出率。

而回收该类煤柱不可避免地要进行沿空掘巷，对其进行合理支护是实现安全复采的基本保障。复采煤柱两侧采空区经过几年时间周围的空间结构已经基本稳定。在留小煤柱沿空掘巷位置的上方顶板岩层发生断裂后，形成了大的潜在垮落块体完全由小煤柱支撑的力学结构，即由断裂的顶板、煤柱、底板形成大结构。这种大结构存在两种失稳的可能，其一是因小煤柱宽度太小潜在垮落岩块体向巷道内发生回转失稳；其二是小煤柱垮塌顶板沿断裂线下沉发生切落或回转。这就是沿空掘巷的总体稳定性问题。

复采煤柱沿空掘巷进行支护时顶板锚杆可以对巷道周围一定范围内的岩层起到加固作用，但对沿空掘巷的总体稳定性无法起到有效的控制作用，只有提高围岩的强度，发挥围岩的自承能力才能对巷道起到有效的支护作用。

(2) 以小煤窑破坏区为特征的块段遗煤，视破坏程度对破坏区进行不同程度的充填后采用长壁工作面开采。

无采动影响时，小煤矿采空区围岩是稳定的。因复采扰动，小煤矿采空区围岩压力拱的平衡被打破，致其失稳垮落，必然严重冲击采煤工作面支架。如果采空区范围不是很大，向其充填足够高度、足够强度的无机材料，使其达到正常煤层的开采要求，可保证采煤工作面安全通过小煤矿采空区。

通过对破坏区域特征的研究分析，在工作面掘进过程中，充分利用钻孔资料，对采集的有害气体、温度等数据进行综合分析，可有针对性地采取掘前预灌和随掘随灌的防灭火技术。在回采期间主要利用束管监测系统进行火灾预测预报和对采空区进行随采随灌、注氮等综合防灭火技术。防止工作面前方破坏区二次发火，坚持多点不间断循环灌浆，进一步充填工作面前方破坏区。通过实施以上防灭火技术，实现工作面安全掘进和回采。

充填式采煤主要用于开采“三下”煤层和特殊煤层，并且较好地应用于实际生产。当采用充填采煤法时，由于开采造成的地表下沉量较小，对地表构筑物起到保护的作用，同时采煤工作面顶板所受压力较小，并且采空区内引起自然发火的概率较低，因而这种方法具备相当大的优势。

6.4.3 分层遗煤开采技术

对于分层遗煤(遗留顶底煤)，为尽可能回收资源，多采用放顶方式开采。放顶煤采煤法是在开采厚煤层时，沿煤层的底板或煤层某一厚度范围内的底部布置一个采高为 2～3 m 的采煤工作面，用综合机械化方式进行回采，利用矿山压力的作用或辅以松动爆破等方法，使顶煤破碎成散体后，由支架后方或上方的放煤窗口放出，并由刮板输送机运出工作面。放顶煤开采是沿缓倾斜厚煤层的底板或在急倾斜厚煤层某一分段的底部布置采煤工作面采煤，采落的煤装入前部输送机，上部煤体受煤自重力和矿山压力等作用，在工作面支架后方冒落，并通过放煤口放到工作面前部或后部刮板输送机上。使用综采液压支架进行放顶煤开采称为综采放顶煤采煤法，简称综放。此方法具有掘进率低、效率高、适应性强、成本低、投入产出效果好的特点，将特厚煤层的储量优势变成了生产和效益优势，成为我国厚及特厚煤层矿井实现集约化高产、高效生产的技术发展方向之一。

煤层的厚度是放顶煤采煤法的最基本选择条件。放顶煤采煤法煤层厚度的下限为 5 m，个别情况下可以到 4 m，低于 5 m 时完全可以用普通综采开采。若煤层厚度超过 20 m，应采用分层放顶煤采煤法，分层厚度一般为 10～12 m。瓦斯对放顶煤没有根本的影响，只要加强通风或采取抽采等治理手段，保证回风巷瓦斯含量在规定范围内即可。对于有自然发火倾向的煤层，只要采取严密而有效的防火措施，即不会给放顶煤造成威胁。煤层底板的岩性一般对放顶煤采煤法影响不大，但松软的底板会对支架行走带来困难，特别是遇水膨胀的厚层泥岩底板，放顶煤支架容易下陷，造成移架困难。

6.4.4 遗煤特殊开采技术

遗煤资源温度高且有明显自燃可能的煤矿则可采用水力复采。例如，枣庄矿区和鹤壁矿区采用水力复采，解决了遗煤区温度高、易自燃的问题。

水力采煤是以高压水射流为动力源进行水力落煤、水力运输，配合煤泥脱水工艺的一种水力机械化采煤方法。多年来水力采煤一直在煤层赋存条件不稳定、急倾斜、不规则煤层块段以及复采遗煤等矿井应用，取得了较好的经济效益。其具有以下特点：工作面装备简单，搬家倒面方便、灵活；人在巷道内作业，没有电力设备，安全可靠；水采工作面人员少，效率高；水力采煤对急倾斜、不稳定煤层适应性强；工作面煤尘浓度低，每立方米只有十几毫克，有益于工人身心健康。

6.5 遗留煤炭资源回采装备

6.5.1 长壁工作面“三机”配套

6.5.1.1 采煤机

采煤机是综采成套装备的主要设备之一。采煤机是从截煤机发展演变而来的，是一个集机械、电气和液压为一体的大型复杂系统。其工作环境恶劣，如果出现故障将会导致整个采煤工作的中断，造成巨大的经济损失。采煤机是实现煤矿生产机械化和现代化的重要设备之一。机械化采煤可以减轻人员体力劳动强度、提高安全性，达到高产量、高效率、低消耗的目的。按工作机构的工作原理和结构形式分类可分为截框式、滚筒式、立滚筒式和钻削式四种。目前，狭义的采煤机仅指使用最广、数量最多的滚筒采煤机。在长壁采煤工作面，以工作机构把煤从煤体上破落下来（破煤）并装入工作面输送机（装煤）。采煤机按调定的牵引速度行走（牵引），使破煤和装煤工序能够连续不断进行。

6.5.1.2 刮板输送机

用刮板链牵引，在槽内运送散料的输送机叫刮板输送机。刮板输送机的相邻中部槽在水平、垂直面内可有限度折曲的叫可弯曲刮板输送机。其中机身在工作面和运输巷道交汇处呈 90°弯曲设置的工作面输送机叫拐角刮板输送机。在当前采煤工作面内，刮板输送机的作用不仅是运送煤和物料，而且还是采煤机的运行轨道，因此它成为现代化采煤工艺中不可缺少的设备。刮板输送机能保持连续运转，生产就能正常进行。否则，整个采煤工作面就会呈现停产状态，使整个生产中断。

按刮板输送机溜槽的布置方式和结构可分为并列式及重叠式两种，按链条数目及布置方式可分为单链、双边链、双中心链和三链等 4 种。

6.5.1.3 液压支架

作为工作面“三机”的重要组成部分，液压支架是围岩-支架相互作用体系的结构物，通过控制支架工作阻力和顶板下沉量之间的耦合关系，控制工作面围岩的移动变形，最终控制矿山压力。

按架型结构与围岩关系分类，支架分为掩护式、支撑掩护式和支撑式。按照适用采高，支架分为薄煤层支架、中厚煤层支架和大采高支架。按照工作面不同位置，支架分为端头支架、工作面支架和过渡支架。

综合分析可知，工作面“三机”配套主要体现在几何尺寸、生产能力和服务时间方面的配套，这也是实现工作面高产高效的前提。几何尺寸配套包括采煤机的最大采高和卧底量要求，采高或煤厚对液压支架支撑高度的要求，液压支架与采煤机高度配套要求，综采设备横向几何尺寸的配套要求。

在综采面设备的生产能力配套方面采煤机的落煤能力是工作面生产能力的基础，其选型的主要依据是采高、倾角、煤层截割的难易程度和地质构造发育程度，主要确定的参数是采高、滚筒直径、截深、牵引速度和电机功率。

液压支架的移架速度要与采煤机的牵引速度相匹配，为了保证工作面采煤机连续割煤，移架速度应不小于采煤机连续割煤的最大牵引速度。

工作面刮板输送机，平巷中的转载机，破碎机和可伸缩带式输送机等设备的能力都要大于采煤机的生产能力，且要考虑生产不均衡系数，由工作面向外逐渐加大，通常按富余20%～30%考虑。

采煤机、液压支架和刮板输送机服务时间配套是指“三机”大修周期应相互接近，否则，要在工作面生产过程中交替更换设备或进行大修，或部分设备“带病”运转，这将对正在生产的工作面造成影响，也会对设备造成损坏。

一般情况下，液压支架通常以使用时间来衡量，采煤机常用连续割煤长度或采煤量来衡量，而对刮板输送机则常用过煤量来衡量。目前，由于没有一个统一的标准来衡量不同设备的大修周期，也就无法对设备提出服务时间配套的要求。为此，需要有个简化的标准，如按我国目前设备设计制造水平和采煤工作面生产水平，综采主要设备服务时间配套(设备大修周期)可按产煤量100万t以上来要求。在配套过程中，发现某种设备不能满足生产所需要的服务时间时，应找出解决的措施，以实现服务时间上配套。

目前，我国液压支架在工作面运行1～2 a(设备较新时一般为2 a)上井大修，则相应的采煤机、刮板输送机可同时大修。随着大功率、高强度综采设备的出现，高产高效综采工作面单产提高了3～4倍以上，则各设备的服务时间配套也必须同步相适应。比如，连续生产600万～700万t不出现大的故障。

6.5.2 长壁工作面其他配套装备

6.5.2.1 转载机

转载机全称是顺槽用刮板转载机。它是安装在矿井工作面下出口区段运输平巷内的桥式刮板输送机。在工作时，一端与工作面的输送机搭接，一端与带式输送机的机尾相连。它在大型综采工艺的“三机”配套中的作用，是把在采掘面上由刮板输送机运出的煤炭，由巷道底板抬升后，转送到带式输送机上。

顺槽用刮板转载机，主要用于高产、高效综合机械化工作面顺槽转载输送煤炭，可与工作面刮板输送机、破碎机及带式输送机配套使用，使用时将转载机的小车搭接在带式输送机的导轨上，并能沿其做整体运动，从而使转载机随工作面输送机的推移步距作整体调整，煤炭由工作面输送机经桥式转载机转载到可伸缩带式输送机上运走。

6.5.2.2 乳化液泵

乳化液泵用于采煤工作面，为液压支架提供乳化液，工作原理是靠曲轴的旋转带动活塞做往复运动，实现吸液和排液。液压支架用于支撑顶板，为采煤机采煤时提供一定的空间，防止顶板垮塌。乳化液由95%的水和5%的油组成，液压支架靠液压缸支撑伸缩。

作为矿井的必需设备，其是煤矿井下支护作业用外注式单体液压支柱及液压支架的专用注液设备的重要动力液压部件。

6.5.2.3 喷雾泵站

喷雾泵站主要为采煤、掘进工作面及其他需要喷雾灭尘的地方提供动力源。喷雾泵站由喷雾泵和过滤器组两部分组成，其结构形式有整体式和分体式两种。

喷雾泵为卧式三柱塞往复泵。由三相交流四极防爆电机驱动，经一级齿轮减速，带动三曲拐曲轴旋转，再经连杆、滑块带动柱塞做往复运动，使工作液经吸排液阀组吸入和排出，从而使电能转换成液压能，输出压力水供采煤机使用。

6.5.3 旺格维利采煤法关键装备

旺格维利采煤法是使用连续采煤机割煤，连续运煤系统(运煤车或者梭车)运煤，利用煤柱支撑法支护，全部垮落法管理顶板的一种采煤方法。采煤工作面配备了1台连续采煤机、1台移动式桥式输送机、1台四臂锚杆机、1台铲车、1台带式输送机。

以漳村煤矿煤层赋存条件及设备配备情况为例，工作面采用间断式运输方式，工艺流程为连续采煤机-梭车-给料破碎机-带式输送机，支护作业采用四臂锚杆钻车。选用1台12CM15-10D型连续采煤机来完成割煤和装煤工序，1台10SC32B型梭车将连续采煤机采出的煤运至破碎机，选用1台GP-460/150型给料破碎机来完成煤的破碎与转载工作，破碎机运出的煤通过DSP-1080型带式输送机运出。用1台ARO-40-RELMB-CWT型四臂型锚杆机完成掘进时的锚杆支护，选用1台UN-488型铲车来完成破碎机后面的材料、设备运送和搬移以及巷道的浮煤清理工作。

连续采煤机是装有截割臂和截割滚筒，能自行行走，具有装运功能，适用于短壁开采和长壁综采工作面采准巷道的掘进，并具有掘进与采煤两种功能的设备。在柱式采煤、回收边角煤以及长壁开采的煤巷快速掘进中得到了广泛的应用。其中以滚筒式连续采煤机使用最为广泛。12CM15-10D型连续采煤机主要由装运机构、行走机构、截割机构、液压系统、灭尘系统、安全防护装置、电气系统等组成。其外形尺寸(长×宽×高)为11 005 mm×3 300 mm×2 068 mm，生产能力为15～27 t/min，采高范围为2.6～4.6 m，离地间隙为290 mm，功率为553 kW，进刀速度为7.6 m/min，电压为1 140 V，适应倾角为纵向±17°、横向5°，机器总质量为58.3 t。

梭车是房柱式采掘工作面的运煤设备，它往返于连续采煤机和给料破碎机之间，主要由箱体、行走机构、卸载装备等组成。10SC32B型梭车为中厚煤层掘进所用设备，具有高性能牵引、性能稳定、辅助设施齐全、制动可靠等特点。外形尺寸(长×宽×高)为8 990 mm×3 050 mm×1 310 mm，离地间隙为290 mm，最大负载为13.6 t，质量为22 t，总额定功率为107.6 kW，卸载时间(满载)一般是30～45 s,空载时牵引速度为8.0 km/h,满载时牵引速度为7.2 km/h。其前行坡度小于6°,横向适应坡度不超过5°。

锚杆支护是一种快速、安全、经济、可靠的巷道支护方式,是目前巷道支护先进技术的代表和发展方向。锚杆钻车是专门用于煤矿井下和其他井巷工程中对巷道顶板和侧帮钻孔和安装锚杆的支护类设备,是煤矿短壁开采,多巷掘进中连续采煤机与掘进机必需的配套设备。为配合连续采煤机快速巷道掘进,国内外一些公司相继研制出了包括单臂、两臂、四臂等多种功能齐全、性能可靠的锚杆钻车,在井下开采生产中发挥着重要的作用。

GP-460/150型给料破碎机是高产高效连续采煤作业中的重要配套设备之一,它与连续采煤机、锚杆钻车、运煤车和带式输送机配套使用,实现了落煤、装煤、支护、破碎及运煤机械化。GP-460/150型给料破碎机液压系统具有传动功率大、集中控制方便、元件布置灵活和安全保护可靠等特点。其破碎能力为460 t/h,功率为150 kW,料斗容积为6.51 m^3。根据运动部件的运动和负载特点,采用相应的液压回路实现了给料破碎机的行走、运输和升降。其破碎机构振动小,稳定性好,破煤能力强。

6.5.4 充填采煤关键装备

综合机械化固体充填采煤技术在20世纪90年代由中国矿业大学与新汶矿业集团合作开发的,在翟镇煤矿井下首次进行了综合机械化矸石充填采煤的工业化试验,现已推广应用到邢台煤矿等全国多个矿区。井下煤矸分离与矸石充填技术的有机结合可实现矸石减排、井下分选以及地表沉陷控制,是实现绿色开采的重要途径。

在井下形成了一套完整的煤矸分离与固体充填采煤系统,煤矸分离系统将煤流中的矸石分离出来,处理成符合充填开采要求的固体物料,然后运至采煤工作面。充填采煤法充填系统的关键装备有自移式转载输送机、充填采煤液压支架、多孔底卸式输送机等。

6.5.5 放顶煤采煤法关键装备

低位放顶煤液压支架是一种适合双输送机运煤、在掩护梁后部铰接一个带有插板的尾梁、低位放煤的支撑掩护式液压支架。低位放顶煤液压支架具有可以上下摆动的尾梁(摆动幅度在45°左右),用以松动顶煤,并维持落煤空间。尾梁中间有一个液压控制的放煤插板,用于放煤和破碎大块煤,具有连续的放煤口。低位放顶煤液压支架适应性强,在急倾斜煤层、缓倾斜中硬煤层和“三软”煤层放顶煤开采应用中取得成功,是目前我国广泛使用的放顶煤液压支架架型。

针对该类支架,根据生产需求以及现场应用情况,对该类支架提出了以下需求:放顶煤液压支架有液压控制的放煤机构;工作面放煤时,放煤机构必须有强力可靠的二次破碎功能;支架应有推移后部刮板输送机和清理后部浮煤的功能;支架构造必须有较强的抗扭和抗侧向力的性能;支架的控顶距较大,顶梁较长;支架必须封闭全顶板,有更好控制端面冒顶和防止架间漏矸的性能;放顶煤工作面采煤机的采高是根据最正确工作条件人为确定的,采高大体在2.5～3.0 m之间,因此支架高度应在此范围可调;由于放顶煤支架重量大,工作面浮煤较多,支架必须有较大的拉架力,拉架速度要快,能够带压擦顶移架。

低位放顶煤液压支架通过不断改进,适应性增强,具有良好的应用前景,具有以下主要特点：由于具有连续的放煤口，放煤效果好，没有脊背煤损失，回收率高；与其他支架相比，从煤壁到放煤口的距离长，经过顶梁的反复支撑和在掩护梁上方的垮落，顶煤破碎较充分，对放煤极为有利；后输送机沿底板布置，浮煤容易排出，移架轻、快，同时尾梁插板可以切断大块煤，使放煤口不易堵塞；低位放煤使煤尘减少，有利于降尘；后部放煤空间大，有利于顶煤冒落，放煤效率高。

第2篇参考文献

[1] 郭文兵，侯泉林，邹友峰. 建(构)筑物下条带式旺格维利采煤技术研究[J]. 煤炭科学技术，2013，41(4)：8-12.

[2] 刘健，陆幼鲁，秦才建. 大功率综采放顶煤装备技术研究与探索[J]. 金属矿山，2009(增刊1)：480-481.

[3] 鹿志发，王安，马茂盛，等. 旺格维力采煤技术在大柳塔煤矿的应用[J]. 煤炭科学技术，2000，28(12)：1-5.

[4] 钱鸣高，缪协兴，何富连，等. 采场支架与围岩耦合作用机理研究[J]. 煤炭学报，1996(1)：40-44.

[5] 屠世浩，郝定溢，李文龙，等. "采选充＋X"一体化矿井选择性开采理论与技术体系构建[J]. 采矿与安全工程学报，2020，37(1)：81-92.

[6] 王家臣. 厚煤层开采理论与技术[M]. 北京：冶金工业出版社，2009.

[7] 王家臣. 我国放顶煤开采的工程实践与理论进展[J]. 煤炭学报，2018，43(1)：43-51.

[8] 王家臣，杨胜利. 固体充填开采支架与围岩关系研究[J]. 煤炭学报，2010，35(11)：1821-1826.

[9] 杨飞. 高庄煤矿近距离煤层开采采空区遗煤自燃防控技术研究[D]. 青岛：山东科技大学，2018.

[10] CHEN X J，JIA Q，LI X J，et al. Characteristics of airflow migration in goafs under the roof-cutting and pressure-releasing mode and the traditional longwall mining mode[J]. ACS omega，2021，6(35)：22982-22996.

[11] GUO P Y，ZHENG L G，SUN X M，et al. Sustainability evaluation model of geothermal resources in abandoned coal mine[J]. Applied thermal engineering，2018，144：804-811.

[12] HAN C L，ZHANG N，XUE J H，et al. Multiple and long-term disturbance of gob-side entry retaining by grouped roof collapse and an innovative adaptive technology [J]. Rock mechanics and rock engineering，2019，52(8)：2761-2773.

[13] HU S Y，HAO G C，FENG G R，et al. Study on characteristics of airflow spatial distribution in abandoned mine gob and its application in methane drainage[J]. Natural resources research，2020，29(3)：1571-1581.

[14] HU Z Q，FU Y H，XIAO W，et al. Ecological restoration plan for abandoned underground coal mine site in Eastern China[J]. International journal of mining，reclamation and environment，2015，29(4)：316-330.

[15] KARACAN C Ö. Analysis of gob gas venthole production performances for strata gas control in longwall mining[J]. International journal of rock mechanics and mining

sciences,2015,79:9-18.

[16] KARACAN C Ö, WARWICK P D. Assessment of coal mine methane (CMM) and abandoned mine methane (AMM) resource potential of longwall mine panels: example from Northern Appalachian Basin, USA[J]. International journal of coal geology,2019,208:37-53.

[17] LIANG Y P, LI L, LI X L, et al. Study on roof-coal caving characteristics with complicated structure by fully mechanized caving mining[J]. Shock and vibration, 2019,2019:1-20.

[18] MA Z M, WANG J, HE M C, et al. Key technologies and application test of an innovative noncoal pillar mining approach:a case study[J]. Energies,2018,11(10):2853.

[19] MENÉNDEZ J,ORDÓÑEZ A,ÁLVAREZ R,et al. Energy from closed mines:underground energy storage and geothermal applications[J]. Renewable and sustainable energy reviews, 2019,108:498-512.

[20] QIN B T,LI L,MA D,et al. Control technology for the avoidance of the simultaneous occurrence of a methane explosion and spontaneous coal combustion in a coal mine:a case study[J]. Process safety and environmental protection,2016,103:203-211.

[21] QIN W,XU J L,HU G Z,et al. A method for arranging a network of surface boreholes for abandoned gob methane extraction[J]. Energy exploration & exploitation, 2019, 37(6):1619-1637.

[22] SIPILÄ J,AUERKARI P,HEIKKILÄ A M,et al. Risk and mitigation of self-heating and spontaneous combustion in underground coal storage[J]. Journal of loss prevention in the process industries,2012,25(3):617-622.

[23] SONG Y W, YANG S Q, HU X C, et al. Prediction of gas and coal spontaneous combustion coexisting disaster through the chaotic characteristic analysis of gas indexes in goaf gas extraction[J]. Process safety and environmental protection,2019, 129:8-16.

第3篇

遗留煤炭资源开发与工程实践

第 7 章　工程实践:矿井概况与开发规划

7.1　矿井概况

7.1.1　井田位置

7.1.1.1　交通位置

沁和能源集团有限公司永安煤矿井田位于沁水县城东南部的嘉峰镇永安村、五里庙村一带,行政区划隶属嘉峰镇管辖。阳城—端氏公路在井田东部外自南向北通过,距井田东北部主斜井工业场地约 500 m。通过阳城—端氏公路及町店—西河乡级公路与沁水—高平公路相接,向西北可至沁水县城,向东可至晋城市。侯月铁路在井田北部有嘉峰站,南部有八甲口站,均距矿井约 4 km,交通运输条件方便。

7.1.1.2　井田范围

山西省国土资源厅 2016 年 5 月 3 日下发了证号为 C1400002009111220042096 的采矿许可证,有效期限为 2016 年 5 月 5 日至 2019 年 5 月 3 日,批准开采 3# ～15# 煤层,井田面积为 3.848 6 km^2,开采深度为由 564.971 m 至 299.971 m(标高),生产规模为 0.6 Mt/a,经济类型为有限责任公司。3# 煤层、15# 煤层井田具体范围分别见表 7-1、表 7-2。

表 7-1　3# 煤层井田范围拐点坐标统计表

1980 年西安坐标系(3°带)					
拐点号	X	Y	拐点号	X	Y
1	3939019.54	37631581.48	7	3938390.48	37633644.16
2	3939423.54	37632762.49	8	3937700.53	37633639.50
3	3939354.54	37632791.49	9	3937564.53	37633253.49
4	3939372.54	37632883.49	10	3936645.53	37633347.50
5	3939438.54	37632847.49	11	3937805.53	37631999.49
6	3939449.01	37633538.03	12	3937681.53	37631701.49

表 7-2　15# 煤层井田范围拐点坐标统计表

1980 年西安坐标系(3°带)					
拐点号	X	Y	拐点号	X	Y
1	3939019.54	37631581.48	5	3937564.53	37633253.49
2	3939438.54	37632805.49	6	3936645.53	37633347.50
3	3939451.29	37633641.39	7	3937805.53	37631999.49
4	3937700.53	37633639.50	8	3937681.53	37631701.49

7.1.2　地层及煤层特征

根据《沁和能源集团有限公司永安煤矿 3# 煤层残缺资源补充勘探地质报告》可知矿井地质特征如下。

7.1.2.1　地层

井田内地表大面积为黄土层覆盖，基岩出露地层为二叠系上石盒子组，二叠系下石盒子组出露于井田外南部。根据井田地表出露情况以及钻孔揭露资料，由老到新地层沉积有奥陶系下马家沟组、奥陶系上马家沟组、奥陶系峰峰组、石炭系本溪组、石炭系太原组、二叠系山西组、二叠系下石盒子组、二叠系上石盒子组、第四系中更新统。

7.1.2.2　含煤地层

本井田主要含煤地层为石炭系太原组和二叠系山西组，现分述如下。

(1) 山西组含煤地层

该地层为井田内主要含煤地层之一，井田内地表无出露。该组岩性主要为岩屑石英中粒砂岩。该地层包含粒砂岩、粉砂岩、泥岩和煤层，含丰富的植物化石，有二叠枝脉蕨、华北蕉羽叶、星轮叶等。其中 1# 煤位于该组上部，不稳定不可采；3# 煤位于该组下部，厚度为 5.44～6.79 m，平均厚度为 6.43 m，井田内为稳定的全区可采煤层。

本组地层厚度为 39.65～54.37 m，平均为 47.89 m，底部以 K_7 砂岩与太原组地层分界，呈整合接触。

(2) 太原组含煤地层

该地层为井田内主要含煤地层之一，井田内地表无出露，为一套海陆交互相沉积。岩性由灰黑色泥岩、砂岩、灰岩及煤层组成。含煤 10 层，中下部含煤性较好，有灰岩 5 层，K_2、K_3、K_4、K_5、K_6 石灰岩较稳定，含丰富的动物化石及碎屑。中部砂岩发育，泥岩及粉砂岩中富含黄铁矿、菱铁矿结核，含丰富的植物化石及碎片。该组地层底部以 K_1 砂岩与本溪组分界，为假整合接触。本组地层厚度为 75.92～107.42 m，平均厚度为 92.05 m。

(3) 含煤性

井田内含煤地层为石炭系太原组和二叠系山西组，不同的聚煤环境，形成了不同的岩性组合、岩相特征，含煤性也存在较大的差异。太原组为一套海陆交互相含煤地层，一般含海相灰岩 5 层，含煤 10 层，编号自上而下为 5#、7#、8-1#、8-2#、9#、10#、11#、12#、13#、15#，煤层平均总厚度为 5.19 m，本组地层平均厚度为 92.05 m，含煤系数为 5.64%。其中 9# 煤层厚度为 0.34～1.35 m，平均厚度为 0.70 m，以往施工的钻孔中仅 124# 钻孔揭露的煤层厚度达到可采厚度，该孔厚度为 1.35 m；其余钻孔揭露煤层厚度均不可采，因此，9# 煤层井田内为不稳定的不可采煤层。

太原组的 15# 煤层厚度为 1.65～2.90 m，平均厚度为 2.12 m，为稳定的全区可采煤层，可采含煤系数为 2.30%。太原组所含其余煤层均为不稳定的不可采煤层。

山西组为一套陆陆相含煤地层，一般含煤 2 层，编号自上而下为 1#、3#，煤层平均总厚度为 6.53 m，本组地层平均厚度为 47.89 m，含煤系数为 13.64%。其中 3# 煤厚度为 5.44～6.79 m，平均厚度为 6.43 m，可采含煤系数为 13.43%，为稳定的全区可采煤层。其余煤层为不稳定的不可采煤层。含煤地层总厚度为 139.94 m，煤层平均总厚度为 11.72 m，含煤系数为 8.38%。井田内稳定的全区可采煤层为 3#、15# 煤层。

(4) 可采煤层

井田内稳定可采煤层为 3#、15# 煤层(其特征见表 7-3)，各煤层特征如下。

表 7-3　可采煤层特征表

含煤地层	煤层编号	煤层厚度/m 最小值～最大值/平均值	煤层间距/m 最小值～最大值/平均值	煤层结构 类别	煤层稳定程度
P_1s	3#	5.44～6.79/6.43	77.76～94.92/85.14	简单～复杂	稳定
C_2t	15#	1.65～2.90/2.12		简单～较简单	稳定

① 3# 煤层

其位于山西组下部，煤层厚度为 5.44～6.79 m，平均厚度为 6.43 m。煤层结构简单～复杂，含 1～4 层矸石，矸石成分多数为碳质泥岩或灰黑色泥岩。煤层直接顶顶板为粉砂岩、砂质泥岩或泥岩，伪顶为碳质泥岩或泥岩；底板为砂质泥岩、泥岩、粉砂岩。该煤层为该矿现采煤层，井田内已大部分采空，井田内地质构造类型简单，煤层赋存稳定，为稳定的全区可采煤层。

② 15# 煤层

其位于太原组一段顶部，K_2 灰岩之下，煤层厚度为 1.65～2.90 m，平均厚度为 2.12 m。煤层结构简单～较简单，含 0～3 层矸石，矸石成分多数为碳质泥岩或灰黑色泥岩。煤层顶板为 K_2 灰岩，底板为黑色泥岩、粉砂岩、铝质泥岩。15# 煤层井田内为稳定的全区可采煤层。

(5) 煤质

① 煤的物理性质及宏观煤岩特征

3# 煤层宏观煤岩特征为黑色-灰黑色、半亮-光亮型煤，玻璃-似金属光泽，条带状结构，层状构造，阶梯状、贝壳状断口，条痕灰黑色，裂隙不发育。煤岩显微组分特征主要为镜质组，惰质组次之。镜质组以无结构均质镜质体为主，次为胶质体、基质镜质体；惰质组以氧化丝质体为主，呈碎屑状、透镜状分布。

15#煤层宏观煤岩特征为黑色-灰黑色、半亮型煤，似金属光泽，以条带均一结构、粒状、阶梯状断口为主，贝壳状次之，条痕为灰黑色，裂隙较为发育，常见黄铁矿充填。煤岩显微组分特征主要为镜质组、惰质组。镜质组主要为无结构均质镜质体，其次为胶质镜质体，偶见基质镜质体分布。镜质组以氧化丝质体为主，呈碎屑状分布，或分布于镜质体中，或与黏土掺杂在一起。矿物质以黏土矿物和黄铁矿为主。

井田 3#煤显微煤岩类型为微镜煤，15#煤为微镜惰煤，均为黑-灰黑色，强玻璃-似金属光泽，贝壳状、阶梯状断口，均一条带状结构，层状构造，内生裂隙较发育。

② 煤的化学性质、工艺性能

15#煤层煤样经煤质检测，再结合钻孔煤芯煤样测试资料分析，可知其主要煤质特征如表 7-4 所示。综合分析可知 3#煤层为低灰-中灰、特低硫、中高固定碳-高固定碳、低磷分、中高发热量-特高发热量无烟煤。15#煤层为低灰-中灰、高硫、特高发热量无烟煤。

表 7-4 各煤层煤质化验指标汇总表

煤层号		3#	15#
工业分析	水分 M_{ad}/%	1.99	1.16
	灰分 A_d/%	14.99	17.93
	挥发分 V_{daf}/%	6.87	8.22
	全硫 $S_{t,d}$/%	0.34	3.56
	高位发热量 $Q_{gr,d}$/(MJ/kg)	29.67	
	固定碳 F_{Cd}/%	78.68	
煤类		WY2	WY2

(6) 水文地质

① 地表水

井田地处太行山南端西侧，区内山高谷深，地形复杂，西北部较高，东南部较低，地形最大相对高差为 170.80 m。地表水属黄河流域沁河水系，沁河位于井田外东侧约 4 km 处，总的流向由北向南，属常年性河流。井田内无常年性河流和大的地表水体，沟谷发育，仅在雨季接受暴雨排泄的短暂性洪水，向东汇入沁河。

矿井位于沁河西部的低山区，矿井工业广场处于区域内近南北向的沟谷内，经人工改造，使沟谷两侧山坡成陡坡，沟谷底面建设排水涵洞，地面建设广场供矿井生产与生活之用。主斜井工业场地位于井田东部，场地沟谷内未见长时间洪流，短暂洪水能瞬间排出矿井区，一般最高洪水位高出沟谷槽内 0.5 m，远低于矿各主、副斜井井口标高。因此，该矿工业场地生产系统不受洪水的影响。

② 主要含水层

井田位于延河泉域的北部补给-径流区，奥灰水流向为由西北向东南，水力坡度为 5‰，主要含水层段位于奥陶系上马家沟组中下部,以溶蚀性灰岩和白云质泥灰岩为主,溶洞发育且连通性好,强富水性。地下水水化学类型为 HCO_3^- · SO_4^{2-}-Ca^{2+} · Mg^{2+} 型。

③ 主要隔水层

通过钻孔揭露知,井田内各含水层之间均分布有相对的隔水层,岩性为泥岩、砂质泥岩或粉、细砂岩,隔水层完全可以阻隔上、下含水层之间的水力联系。由于3#煤层开采多年,采空区顶板由于重力作用所形成的冒落带和导水裂隙带破坏了层间隔水层的隔水作用,原有的隔水层失去隔水性能。

④ 地下水的补给、径流与排泄

井田区域地形复杂,沟壑纵横发育,处于山梁或坡地台分布的第四系松散地层,分布面积小,厚度差异大,储水构造不利于地下水富集,一般不含地下水,仅作为大气降水对基岩裂隙水补给的通道。石炭系、二叠系含水层水沿地层倾向向下游径流,在地表切割强烈或有排泄条件时则以泉的形式排至地表。地下水主要接受大气降水的补给,主要排泄方式为生产矿井井下疏干排水。井田内碎屑岩含水层及石炭系层间岩溶裂隙含水层,其间有厚度不等的泥岩隔水层相隔,相互水力联系差,主要以相互平行的层间径流为主,仅在构造部位或浅埋区才可以与其他含水层发生直接的水力联系。奥陶系马家沟组含水层为本区的主要开采层,区内深井数量较多,为本地村庄、企业的开采井,奥灰水主要接受大气降水补给,其次为地表水及上部含水层水通过断裂通道向深部渗漏补给。井田内奥灰水为延河泉域北部补给-径流区,井田内水流自西北向东南径流,最终向南在沁河西岸的下河一带排至地表,汇入沁河。

7.1.3　地质构造

井田位于沁水复式向斜南段东翼,晋(城)-获(鹿)褶断带西侧。井田内地层总体走向为北东,倾向北西,倾角一般为3°～6°,构造形迹主要为较宽缓的褶曲构造(张沟背斜),断层、陷落柱构造不发育,未见岩浆岩侵入。张沟背斜位于井田东部,井田大部分处于该背斜的西翼,井田内延伸长度约2.5 km,两翼倾角一般为3°～6°,轴部地层为第四系黄土层所掩盖,详见井田构造纲要图(图7-1)。

总之,井田内地层总体走向为北东,倾向北西,倾角一般为3°～6°,构造形迹主要为较宽缓的褶曲构造,断层、陷落柱构造不发育,未见岩浆岩侵入。根据《煤矿地质工作规定》,矿井井田地质构造复杂程度划分为简单构造。

7.1.4　开采技术条件

7.1.4.1　瓦斯

由《沁和能源集团有限公司永安煤矿3#煤层复采区矿井瓦斯涌出量预测》可知,3#煤层复采区瓦斯含量最大值为6.80 m^3/t,3#煤层采煤工作面最大绝对瓦斯涌出量为8.85 m^3/min。3#煤层掘进工作面最大瓦斯涌出量为0.60 m^3/min。矿井最大绝对瓦斯涌出量为14.07 m^3/min,最大相对瓦斯涌出量为10.50 m^3/t,测定结论为该矿井属于高瓦斯矿井。

7.1.4.2　煤尘爆炸性及煤的自燃倾向性

3#煤层煤尘无爆炸危险性;自燃倾向性等级为Ⅲ,自燃倾向性为不易自燃。

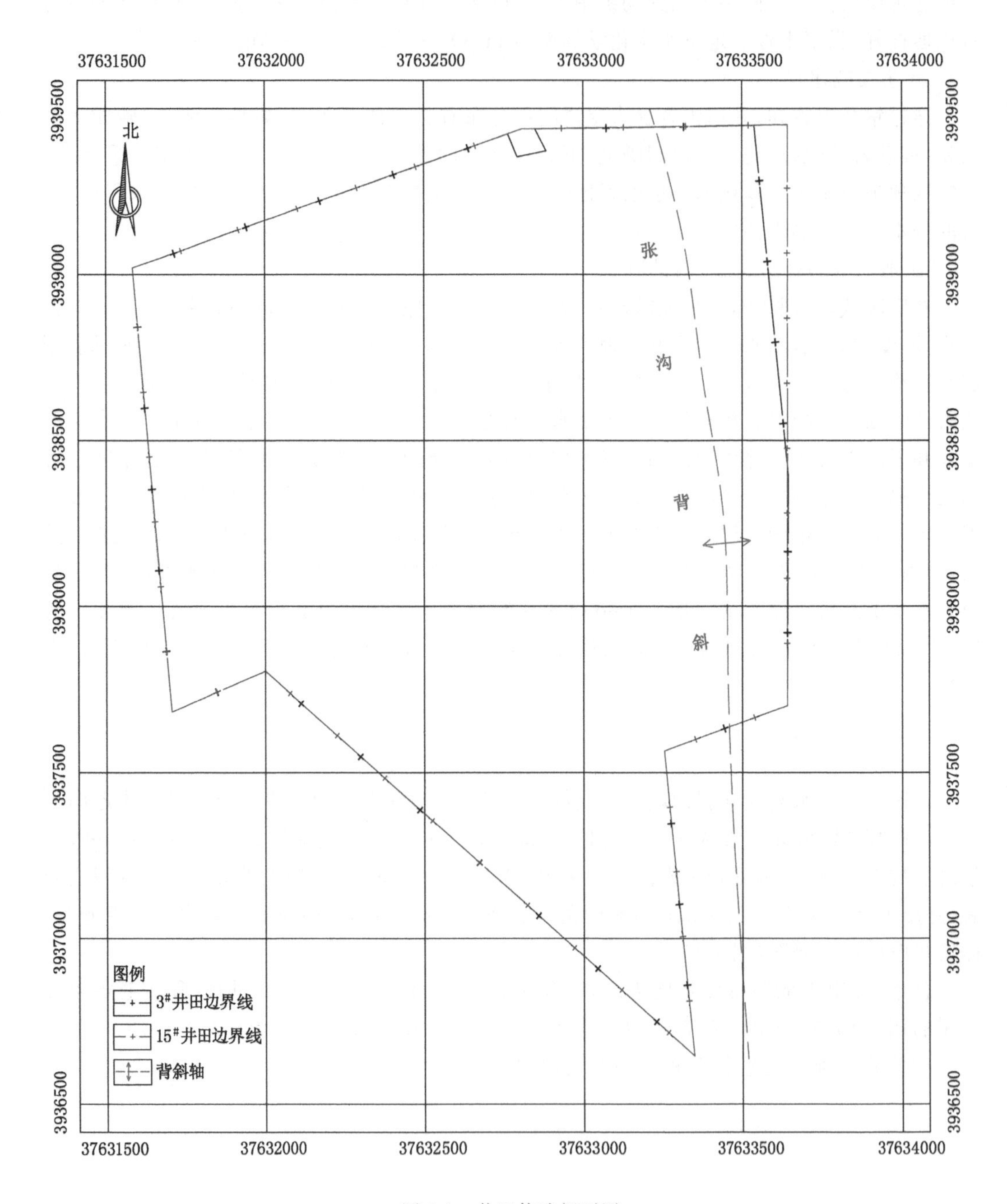

图 7-1　井田构造纲要图

7.1.4.3　煤与瓦斯突出

永安煤矿未发现煤与瓦斯突出现象。

7.1.4.4　地温、地压

3#煤层最高温度为 25.0 ℃，15#煤层最高温度为 28.1 ℃，属地温正常区，恒温带深度一般在 70 m 左右。井下未发现地温和地压异常,因此,井田属地温、地压正常区,不存在热害、冲击地压危害。

7.1.4.5　顶底板条件

3# 煤层顶底板按工程地质分类属多层结构半坚硬结构岩组,由砂质泥岩、粉砂岩、煤层和细砂岩组成,强度低,具有可塑性,遇水后具有离层软化性,属工程地质不稳定区。但由于地质构造类型简单,褶曲宽缓,岩层产状平缓,现未发现断层、陷落柱构造,无岩浆岩侵入,因此,不易聚积大量变形能,构造应力低,一般不会对巷道造成大的威胁和破坏。但仍应注意背斜轴部及转折处、岩石节理发育地段,构造应力局部集中,易形成冒顶与片帮等工程地质问题,应加强巷道支护与监测。3# 煤层顶板粉砂岩自然抗压强度为 38.9 MPa,抗剪强度为 4.42 MPa,抗压强度为 3.68 MPa;底板砂质泥岩自然抗压强度为 20.6 MPa,抗剪强度为 4.35 MPa。

7.1.5　矿井生产现状

矿井现开采 3# 煤层,采用斜井开拓,采煤机械化改造后采用长壁分层综采采煤方法,全部垮落法管理顶板,中央分列式通风,采煤机割煤,带式输送机运输,为高瓦斯矿井。3# 煤层主要生产系统情况叙述如下。

7.1.5.1　生产系统

(1) 开拓开采系统

① 井筒

矿井现布置 4 个井筒开拓全井田,分别为主斜井、副斜井、安全出口(斜井)和回风立井。其中主斜井担负全矿井的原煤提升任务,兼作进风井和安全出口;副斜井担负材料、设备等辅助提升任务,同时作为矿井一个进风井筒和安全出口;安全出口(斜井)装备架空乘人装置,担负矿井人员上下任务,同时作为矿井一个进风井筒;回风立井主要担负全矿井的回风任务,兼作安全出口。

② 大巷

矿井中部主斜井井底沿西北方向布置三条下山,即轨道、胶带、回风下山,三条下山两翼布置工作面回采矿井中部资源。矿井南部副斜井井底沿西北方向布置 3500 轨道巷,在矿中部沿东北方向布置有 3500 运输巷和 3500 轨道巷、回风巷,胶带下山和回风下山相连,3500 轨道巷和 3500 运输巷连接处向西布置 3500 轨道巷、运输巷、回风巷,向南布置工作面回采矿井南部资源。

(2) 通风系统

矿井通风方式为中央分列式,由主斜井、副斜井、安全出口(斜井)进风,回风立井回风,回风立井配备两台同等能力的主要通风机,一台运行,一台备用,通风机型号为 BD54-No24,配备电机型号为 YBF355L2-8,电机额定功率为 200×2 kW,额定风量为 3 760～7 500 m^3/min。2013 年矿井进行了通风阻力测定,测定结果为矿井总回风量为 5 299.19 m^3/min,阻力值为 1 985.05 Pa,矿井等积孔为 2.36 m^2。

(3) 提升运输系统

主斜井斜长 347 m,倾角 25°,担负矿井的原煤提升任务。选用一台 GKT2×1.6×0.9-20

型提升机和JX-5型箕斗，配套JR127-8型、380 V、130 kW电动机。副斜井井筒内铺轨道，担负矿井矸石提升、材料和设备的升降任务。副斜井提升设备为2JTP-1.6型双滚筒提升机，配套电机型号为YR125-8，功率为95 kW，转速为725 r/min。井下主运输大巷安装DTL80/40/40型带式输送机运输煤炭，担负矿井的煤炭运输任务。井下运料系统安装JWB-6/1型、JWB-3.6/1型、SQ-80/75型无极绳绞车牵引矿车运输。

(4) 排水系统

矿井井下各处涌水集中抽排至中央变电所主水泵房后，再排至地面水处理站进行处理。主水泵房设主、副水仓，容量分别为212 m^3和113 m^3，安装3台MD85-45×5型水泵，额定流量为85 m^3/h，敷设两趟ϕ150 mm排水管路；现有采区水泵房位于井田中部轨道下山南侧，设有200 m^3的水仓，安装两台MD46-50×6型水泵，额定流量为46 m^3/h，敷设一趟ϕ108 mm排水管路。采煤工作面涌水经小水泵或自流排至采区水仓。

(5) 供电系统

矿井采用双回路供电，主供电电源来自矿井工业场地东北方的张山35 kV变电站10 kV线路，导线型号为LGJ-120，供电距离为2.08 km；备用电源来自矿井工业场地的永红35 kV变电站（永安与永红合建变电站）6 kV线路，导线型号已改造为2×LGJ-240，供电距离为3.5 km。上述双回路均为该矿井专用供电电源，一回运行，一回带电备用，地面向井下供电为6 kV电压，下井电缆为MYJV22-3×120型高压电缆。

(6) 瓦斯抽采系统

矿井建有地面永久瓦斯抽采系统，一套为两台SK-85型泵（一运一备），电动机功率为132 kW；另一套为两台SK-42型泵（一运一备），电动机功率为75 kW；井下布设有ϕ325 mm和ϕ219 mm两趟抽放管路。矿井采煤工作面安装ϕ315 mm管路，利用上分层原有巷道接至上分层工作面上隅角处，专抽采空区瓦斯。现使用的抽放钻机有ZDY-1200型3台、ZDY-1900型2台，能满足矿井抽放钻孔需要。

7.1.5.2 生产能力及服务年限

(1) 矿井工作制度

矿井年工作日为330 d，采用“三八”制作业，每天两班作业，一班检修，每日净提升时间为16 h。

(2) 复采资源可采年限

矿井服务年限按式(7-1)计算：

$$T=\frac{A_k}{Z_k K} \tag{7-1}$$

式中 T——矿井服务年限；

Z_k——设计可采储量；

A——矿井设计生产能力；

K——储量备用系数，取1.3。

经计算，3#煤层复采区可采服务年限T=5.36 a。

7.2 矿井遗留煤炭资源赋存情况

广义的“遗煤”指的是矿井中所有由于各种原因而不被回收的注销煤量，包括开采损失、地质或水文地质损失、永久保安煤柱损失以及报损煤量等。狭义的“遗煤”一般是指开采造成的留煤柱和开采带来的损失煤量。我国厚度 3.5 m 以上的厚煤层储量约占全部煤炭储量的 44%，其产量占原煤总产量的 45%，永安煤矿具有厚煤层开采的特征。

7.2.1　复采必要性分析

7.2.1.1　保护环境和煤炭资源

煤层及周围岩体经过采动破坏后，地下岩体结构失稳，形成大量采空区及采动裂隙，遗留在采空区的遗煤资源，很可能会继续污染地下水源、排放有毒气体污染大气等，因此，复采遗煤可以降低采空区遗煤对大气、水的破坏，保护环境。另外，煤炭资源属于不可再生资源，衰老矿井遗煤的复采，可最大限度回收煤炭资源，有利于煤炭资源的保护。

7.2.1.2　提高服务年限

衰老矿井剩余服务年限不足，矿井生产接替紧张，成规模可采资源基本枯竭，生产经营面临诸多问题。遗煤资源复采可暂时解企业无煤可采的燃眉之急。矿井进入衰老期后，很难布置正规工作面，掘进工作量增大，生产组织和布置日趋困难，复采可利用原有生产系统，实现少掘巷道多出煤，使矿井采掘关系日益紧张的局面得以缓解。

7.2.1.3　利于矿井转型过渡

矿井进入衰老阶段后，大多数矿井面临的现实问题是闭坑破产，我国目前还没有建立矿井衰老治理机制。大多数矿井会在集团公司的安排下进行矿井接替或转产，这都需要一个周期。因此，遗煤复采可最大限度地为企业接替或转产争取宝贵的缓冲时间。

7.2.1.4　保障职工生活

生产矿井进入衰老期，战线收缩，产量下降，生产及管理需要的职工人数逐步减少，造成了职工冗余而煤炭产量下降。因此，衰老矿井面临的最大难题就是职工生活问题——职工工资如何保障，如何稳定人心。在没有合适的矿井接替或转产之前，要立足于矿井遗煤资源，尽最大可能精采细收，保障职工生活，维持企业稳定，再逐步分流或转移，为社会稳定做贡献。

钱鸣高院士提出科学采煤的 5 个主要方面——煤炭生产机械化、煤炭生产与环境保护、矿井矸石与利用、煤矿安全生产和提高资源采出率。而且钱院士进一步指出了煤炭开采科学技术的主要体现：一是安全生产，二是提高资源采出率，三是保护环境，四是机械化开采以提高效率。若不在这些方面进行管理，必然不是科学采矿，而是在利益驱动下的野蛮采矿。可见，衰老矿井遗煤资源复采是科学采矿的重要内容之一。

因此，为实现“节约资源、保护环境，构建与社会主义市场经济体制相适应的新型煤炭工业体系”的目标，针对衰老矿井遗煤资源复采相关问题的研究具有重要的理论意义和现实意义。

7.2.2　复采块段划分及开采损失

7.2.2.1　复采块段划分

根据永安煤矿现有的生产地质情况，划分块段如图 7-2 所示。

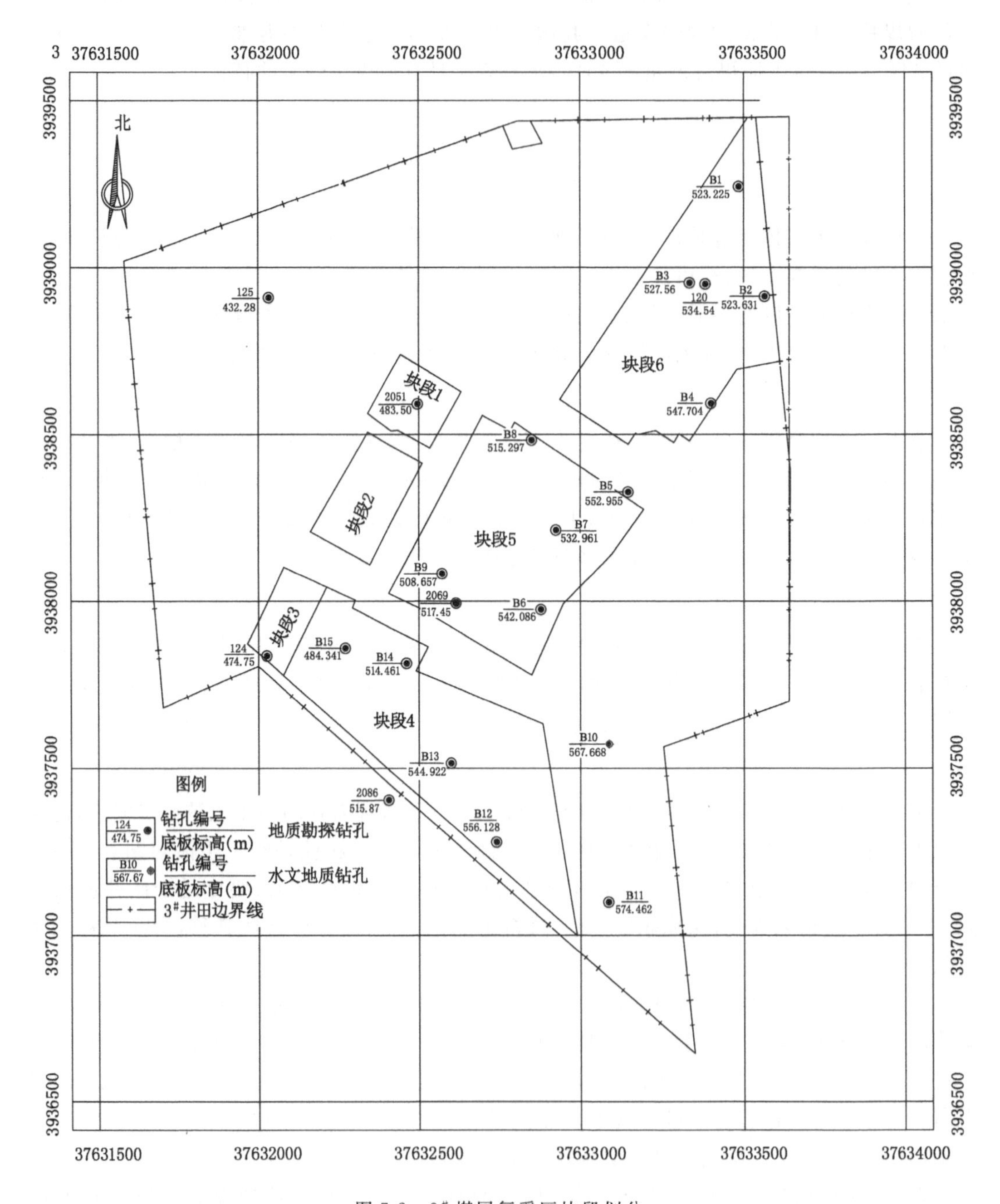

图 7-2　3# 煤层复采区块段划分

(1) 分层+房柱式开采区域

块段 4 为本矿 1987—1988 年开采的中分层采空区，采用的采煤方法为房柱式开采，采高为 2.5 m 左右，上、下分层未开采。块段 5 为本矿 1989—1990 年开采的中分层采空区，采用的采煤方法为房柱式开采，采高为 2.5 m 左右，上、下分层未开采。块段 6 为本矿 1995—1996 年开采的中分层采空区，采用的采煤方法为房柱式开采，采高为 2.5 m 左右，上、下分层未开采。

(2) 分层开采区域

块段 1 为本矿 2011 年开采的上分层采空区,采高为 2.5 m,下、中分层未开采。块段 2 为本矿 1991—1994 年开采的中分层采空区,采高为 2.4 m,上、下分层未开采。块段 3 为本矿 1995—1997 年开采的中分层采空区,采高为 2.4 m,上、下分层未开采。

(3) 各块段钻孔柱状图

根据地质报告和矿方提供资料,复采区各个块段的钻孔柱状图见图 7-3。

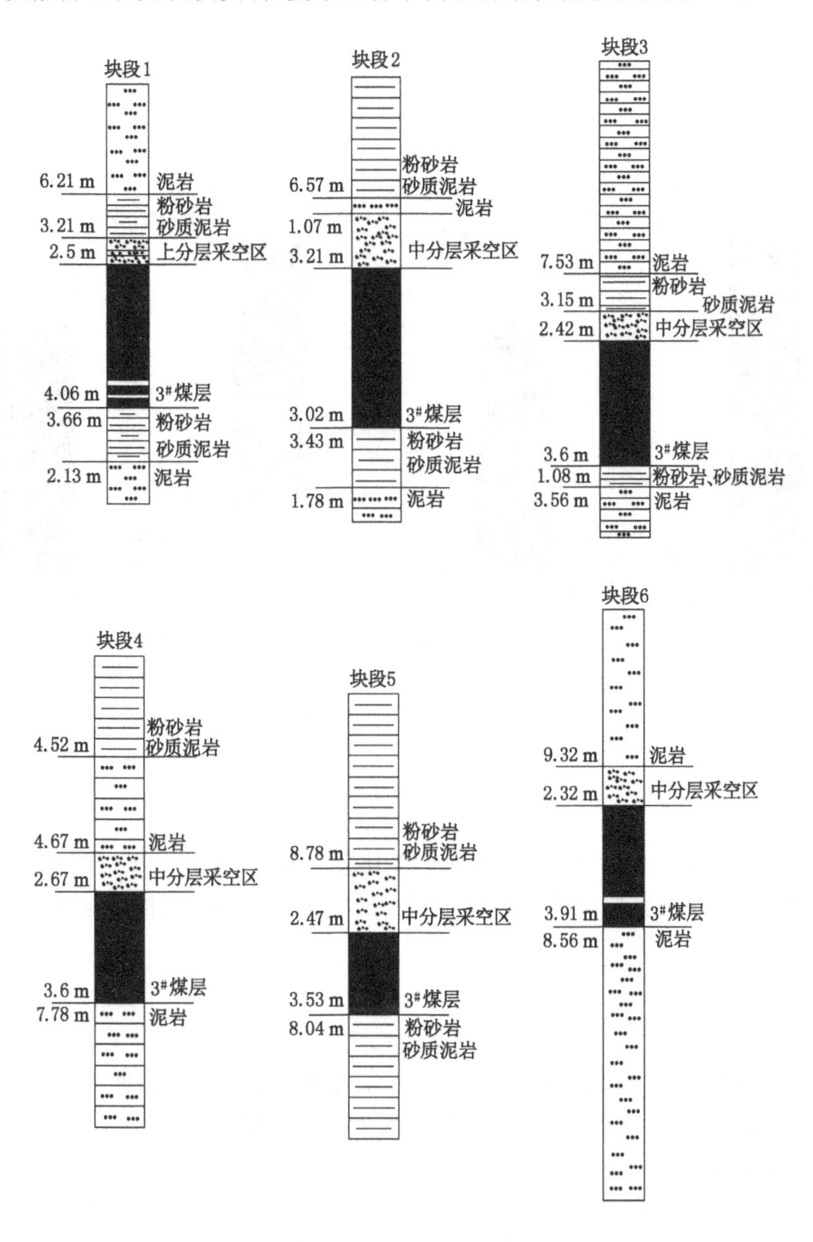

图 7-3　各块段钻孔柱状图

(4) 各块段开采详情

根据地质报告和矿方提供资料，复采区煤层结构描述见图 7-4。根据各个块段的开采情况，结合矿井的各块段钻孔柱状图及复采区煤层结构图可知，矿井复采区内存有上、下分层空巷及上、中分层采空区。根据块段面积可知，复采区内大部分为中分层采空区，上分层空巷存在于块段 1、2 和 3 中，下分层空巷存在于块段 4、5 和 6 中。

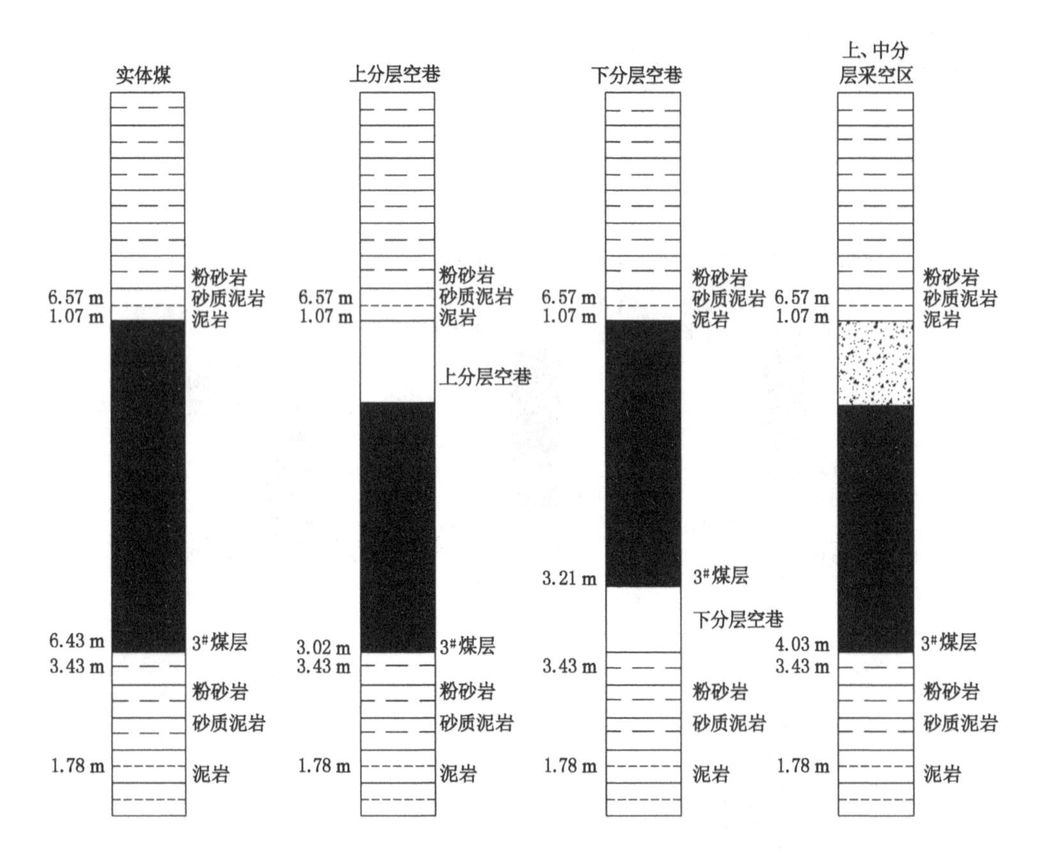

图 7-4 复采区煤层结构

复采设计中首采工作面 3101 工作面位于块段 1 和 2 中，故首采工作面在块段 1 中时存有上分层采空区，在块段 2 中时存有中分层采空区，首采工作面内空巷均为上分层空巷。

7.2.2.2 开采损失分析

(1) 分层开采损失

在实施分层开采后，受分层条件的限制，比如为维护分层开采条件下顶板的稳定性，需要留设 0.6～0.8 m 顶煤等，留设的这部分资源就成为重要的开采损失。目前我国多采用倾斜分层下行垮落采煤方法，各分层布置有分层回风平巷及分层运输平巷，而分层平巷布置方式可采用内错式和外错式。内错式是下分层平巷在上分层工作面的内侧，形成正梯形煤柱，由于煤柱尺寸愈到下面愈大，工作面也随之缩短，遗留煤量逐渐增加。外错式是下分层平巷在上分层工作面的外侧，煤柱呈倒梯形，愈往下分层煤柱尺寸愈小，工作面长度愈大。分层平巷无论内错式还是外错式布置，都会在分层之间留下煤柱遗留煤量，从而形成煤柱损失。

(2) 柱式采煤法开采损失

对于房柱式采煤法,井筒穿到煤层后,沿着煤层的走向开掘主要运输平巷,再在已经控制的煤层内开掘许多纵横交错的巷道,把煤层分割成许多方形或长方形的煤柱,然后从边界往后退,顺次开采各个煤柱。煤柱的大小,要根据煤层厚度及倾角大小来确定。每采一块煤柱时,就在这一块煤柱内再做一些纵横交错的巷道,把煤柱分成几个小块煤柱。这样把巷道中的煤采了出来,那些小煤柱遗留在采空区支撑顶板。这种方法在资源回收方面存在最大的问题就是丢弃煤炭资源多,采出率低,浪费大量煤炭资源,破坏了煤炭资源的完整性,使得复采更加困难。

7.3 矿井遗留煤炭资源开发规划

7.3.1 遗留煤炭资源开拓及采区划分

7.3.1.1 开拓设计

(1) 复采开拓方案确定原则

3# 煤复采系统确定优先考虑以下原则:

① 尽可能利用现有工业场地,现有井筒和设施;

② 优先考虑利用原有开拓系统和现有设备;

③ 穿越 3# 煤层采空区的巷道优先考虑煤巷掘进;

④ 尽快构建矿井复采生产系统,建设工期不应太长,尽量减少采区巷和大巷的建设,减少投资。

(2) 复采开拓方案初步设计

3# 煤复采时,全矿井仍利用现有的 4 个井筒:主斜井、副斜井、安全出口(斜井)和回风立井。其中主斜井担负全矿井的原煤提升任务,兼作进风井和安全出口;副斜井担负材料、设备等辅助提升任务,同时作为矿井一个进风井筒;安全出口(斜井)装备有架空乘人装置,担负矿井人员上下任务,同时作为矿井一个进风井筒;回风立井主要担负全矿井的回风任务,兼作安全出口。利用现有的中央变电所、主水泵房及水仓等。开拓系统利用现有的材料平巷及布置在采区中部的运输、轨道、回风三条下山。

利用现有的 3500 轨道巷作为本次复采的辅助轨道下山,掘进时优先掘进回风顺槽沟通辅助轨道下山,当复采工作面回采到辅助轨道下山时,辅助轨道下山采用分段的方式报废巷道。辅助轨道下山主要作用于其南部的掘进或回采时期的辅助运输。

根据复采区域分布情况,为减少煤柱损失和采煤工作面搬家次数,3# 煤复采区域划分为一个采区,在现有采区下山两翼布置工作面巷道,对复采区进行开采。选用综采放顶煤开采工艺,条件适合时进行放顶煤;条件不适合时,采用只采不放措施,确保安全生产。

3# 煤层复采开拓方案见图 7-5。

(3) 开拓方案经济技术分析

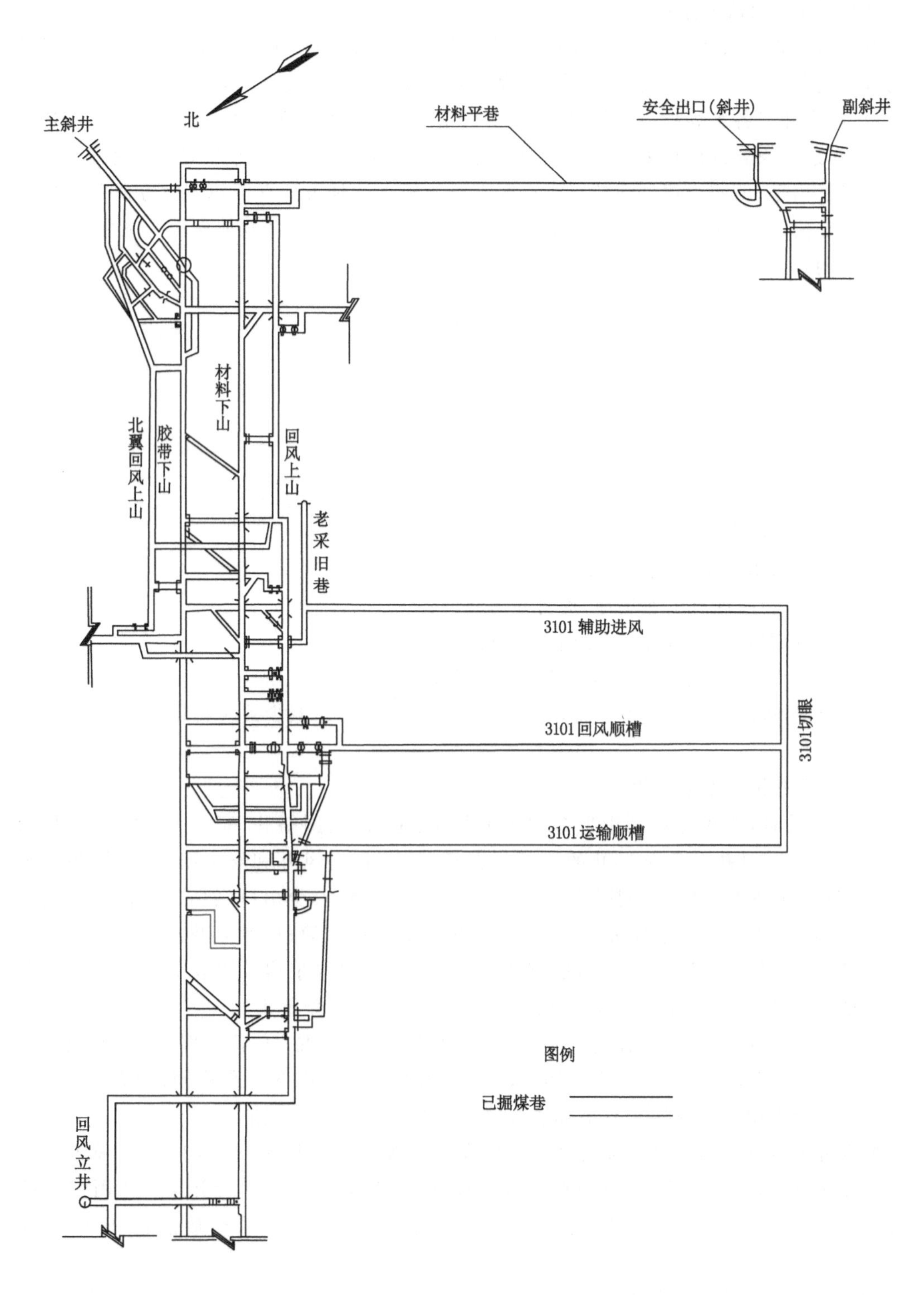

北
主斜井
材料平巷
安全出口(斜井)
副斜井
材料下山
北翼回风上山
胶带下山
回风上山
老采旧巷
3101 辅助进风
3101 回风顺槽
3101 运输顺槽
3101切眼
图例
已掘煤巷
回风立井

图 7-5 开拓方案

经方案对比可知该方案的优缺点,见表 7-5。

表 7-5　开拓方案优缺点对比

优点	工作面推进度较长,搬家次数少
	巷道工程量少
	资源回收率较高
缺点	工作面布置时间长,推进慢
	顺槽巷道维护时间长,维护工程量大
	工作面漏风较大

7.3.1.2　复采首采区划分

(1) 开采水平的划分

矿井 3# 煤层复采区设一个开采水平,水平标高 +540 m,共划分为 1 个复采采区,为复采一采区。

(2) 采区接替及开采顺序

矿井 3# 煤层复采区共划分一个复采采区,位于矿井中部。矿井现开采西南部 3500 轨道巷、回风巷、运输巷南部小块资源,待开采完毕开采复采区资源,复采区内先开采西南部,再开采东北部。

7.3.2　采掘工作面规划

7.3.2.1　首采面开拓布置

设计首采面为 3101 工作面,其位于块段 1、2 中,故首采工作面在块段 1 中存有上分层采空区,在块段 2 中存有中分层采空区,首采工作面内空巷均为上分层空巷。

3101 综放面位于矿区中西部,地面无建筑及道路;复采 3# 煤层,地貌为侵蚀山地,以低山丘陵为主,无任何人工建筑物及道路设施;煤层厚度平均为 6.56 m,煤层倾角为 2°～5°,地面标高为 +650 m～+738 m,走向长度为 730 m,开切眼长度为 78 m,面积为 65 553 km^2;煤质结构简单、层理分明,煤层坚硬,有玻璃光泽,该地段煤层埋藏较深,透气性较差;根据本工作面运输、回风顺槽掘进过程中收集的资料分析,采煤工作面无断层、褶曲、陷落柱等地质构造;煤体最大残余瓦斯含量为 5.68 m^3/t,自燃倾向性等级为Ⅲ,自燃倾向性为不易自燃。工作面可采储量 219 668 t,工作面服务年限 7.5 个月。

根据复采井田开拓布置,结合矿井煤层赋存情况,首采区域选在井田中部采区下山西翼,该区域距离现开采区域较近,煤层赋存情况较清楚,适宜布置正规综放面开采。

位于复采区首采面的上分层原工作面,采用单一长壁炮采开采,开采时期为 1991—1994 年,采空区面积约 40 000 m^2,工作面顺槽长度约 500 m,沿煤层中部布置巷道,工作面开采后下部留有约 2.1 m 厚的底煤。

因 3500 轨道巷西南部为现生产工作面的采区巷道,故首采工作面巷道只掘进到 3500 轨道巷北部,所以首采工作面开切眼位于 3500 轨道巷北部,其余复采工作面开切眼均位于矿井南部边界处。由于矿井地质情况复杂，井下情况不明，故矿井工作面开采时需要对工作面进行单项设计。

7.3.2.2 复采工作面采掘布置

采区已有两条采区下山和一段回风下山，复采工作面布置在3条下山两翼，首采为西翼区域。3#煤层顺槽双巷布置单巷掘进，顺槽间留15 m的区段煤柱。运输顺槽与胶带下山直接沟通构成工作面进风系统，回风顺槽直接与回风下山沟通构成工作面回风系统。

复采工作面运输顺槽沿3#煤层底板掘进，采用梯形断面，下掘进宽为4 400 mm，上掘进宽为3 900 mm，掘进高度为2 800 mm，掘进断面积为11.62 m^2；回风顺槽沿3#煤层底板掘进，采用梯形断面，下掘进宽度为4 400 mm，上掘进宽度为3 900 mm，掘进高度为2 800 mm，掘进断面积为11.62 m^2；工作面开切眼沿3#煤层底板掘进，采用矩形断面，掘进宽度为7 000 mm，掘进高度为2 200 mm，掘进断面积为15.40 m^2。

复采区共布置10个采煤工作面，工作面接续详见表7-6。

表7-6 工作面接续

采煤工作面	工作面长度/m	工作面采长/m	工作面可采储量/万t	工作面年推进度/(m/a)	工作面可采年限/a	1	2	3	4	5	6	7	8
3101工作面	800	80	22.78	1 188	0.30								
3102工作面	1 180	100	57.42	1 188	0.73								
3103工作面	1 155	100	56.79	1 188	0.73								
3104工作面	1 170	100	52.72	1 188	0.67								
3105工作面	1 188	100	58.84	1 188	0.75								
3106工作面	1 207	100	59.02	1 188	0.76								
3107工作面	320	100	11.89	1 188	0.15								
3108工作面	963	100	41.86	1 188	0.54								
3109工作面	780	100	28.48	1 188	0.37								
3110工作面	655	100	27.92	1 188	0.36								
合计	9 418		417.72		5.36								

3#煤层复采采区巷道布置平面图见图7-6。

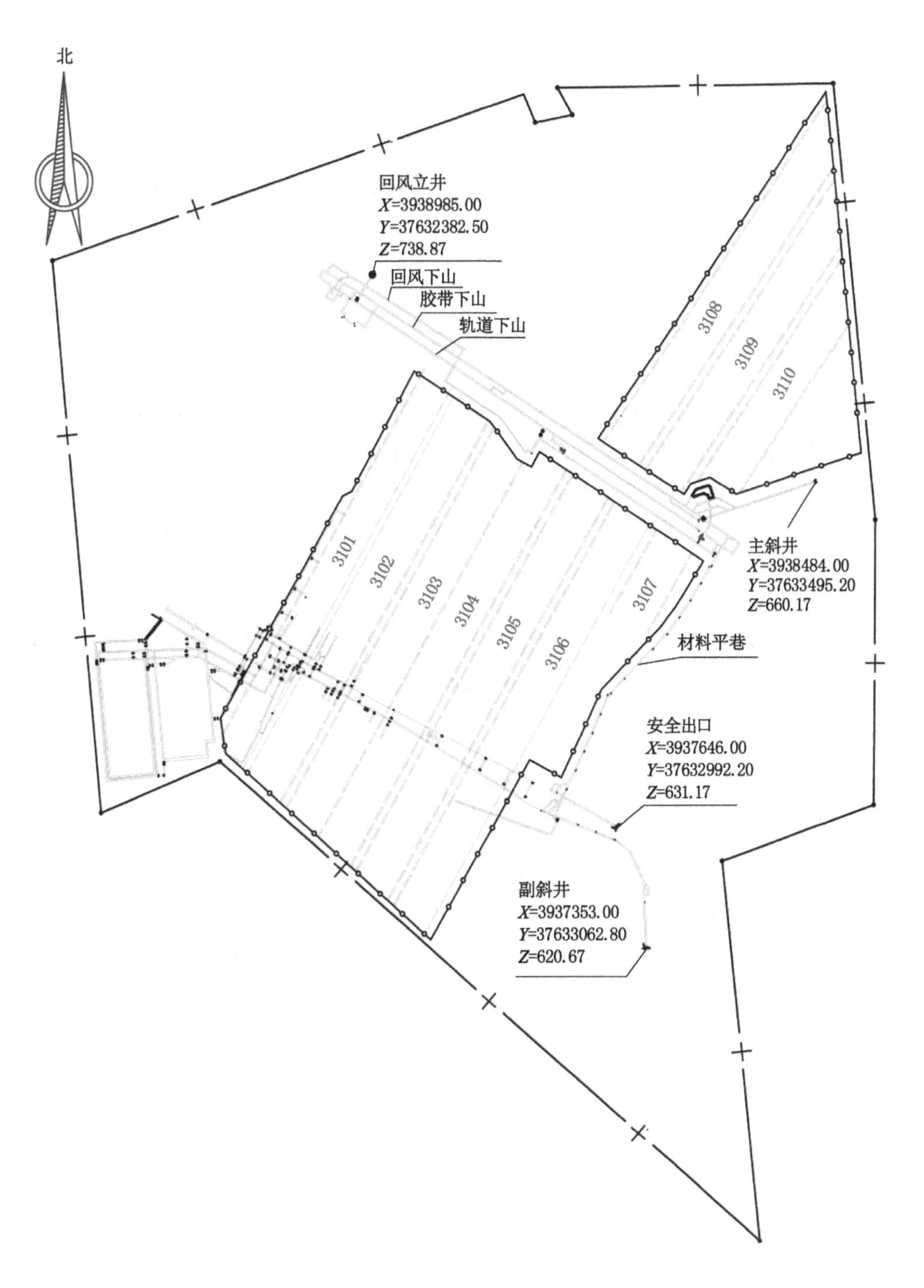

图 7-6　3# 煤层复采采区巷道布置平面图

第8章　巷道高效掘进与安全保障

8.1　掘进工作面概况

3105回风顺槽掘进范围为矿井1987—1990年开采的中分层采空区，采用的采煤方法为房柱式开采。3105回风顺槽开口处位于胶带下山1#测点向下16.2 m(中至中)处下行左侧，并已沿指定方位掘进顺槽长度60 m。该顺槽回风绕道和运料绕道系统均已掘进到位，现在回风顺槽迎头处开始以真方位角208°59′19″继续沿底板掘进1 170 m至设计位置停掘。

8.1.1　地质构造

本区段煤层倾角一般为1°～3°，根据复采前进行的物探钻探和历年来该矿已经进行的采掘情况综合分析，该区域无断层、陷落柱等地质构造，但要加强顶板管理，确保安全生产。

8.1.2　涌水量

根据历年来该矿已经进行的采掘情况和2017年进行的3#煤层补充勘探地面物探和钻探情况及水文地质资料综合判断，该工作面无地质构造，地质条件相对简单。根据3103回风顺槽已经揭露情况分析，正常情况下该掘进工作面前段不会出现涌水，随着掘进推进预计在揭露的老采巷道会有少量补给水涌入掘进巷道，预测涌水量为5 m^3/h，无突水危险，但在掘进过程中必须加强超前物探钻探等探放水措施，严格执行“预测预报、有掘必探，先探后掘、先探后采”的原则。

8.1.3　井上下相对位置

井上下对照关系情况见表8-1。

表8-1　井上下对照关系情况

巷道名称	3105回风顺槽	平均盖山厚度/m	158
地面标高/m	+650～+720	井下标高/m	+520－+535
地面对应位置建筑物及其他	对应地面为山地，无水体、公路及其他建筑物		
井下对应位置对掘进巷道的影响	3105回风顺槽位于复采区中部，西部为规划回采的3105回采区域，无水害隐患；东部为在用材料平巷，无水害隐患；南部为芦河煤业矿界，无水害隐患；北面为复采采区巷道保护煤柱，无水害隐患		
邻近采掘情况对掘进巷道的影响	105回风顺槽掘进期间不受邻近采掘影响		

8.1.4　煤层特征

煤层特征见表 8-2。

表 8-2　煤层特征

指标	数值	备注
煤层平均厚度/m	5.97	数值取自 B6 钻孔
煤层倾角/(°)	1～3	
绝对瓦斯涌出量/(m^3/min)	1.18	根据《瓦斯涌出量预测方法》(AQ 1018—2006)采用分源预测瓦斯涌出量方法进行预测
煤层爆炸指数	0	
煤层坚固性系数	1～3	
地温/℃	<25	
地压	较小	

8.1.5　巷道设计长度和服务年限

3105 回风顺槽设计掘进长度 1 230 m，巷道服务至 3105 综采工作面回采结束，服务年限约 13 个月。

8.1.6　顶底板岩性

顶底板岩性见表 8-3。

表 8-3　煤层顶底板岩性

岩石名称	柱状图	坚固性系数	厚度/m	特性描述
粉砂岩及细砂岩		6	10.9	浅灰-深灰色，成分以石英为主，岩屑次之，可相变为中砂岩
黑灰色粉砂岩、泥岩		2～4	2.54	黑灰色，含丰富植物化石，含菱铁矿结核
3# 煤		1～3	5.97	呈黑色，内夹 4～5 层矸石，有玻璃光泽
K7 粉砂岩、泥岩		2～3	7.98(平均值)	深灰-黑灰色，见少量植物化石，含菱铁矿结核，常相变为粉砂岩

8.2 工作面掘进技术及装备

8.2.1 巷道掘进、支护方式

巷道断面尺寸根据运输、通风、行人、管线敷设等要求确定，各类巷道视围岩条件、服务年限、用途等不同，采用不同的断面及支护形式。根据永安矿 3# 煤层的地质条件，以及掘进巷道和旧采区巷道的空间关系，设计复采巷道为梯形断面，巷道沿 3# 煤层底板掘进。基本支护方式采用工字钢棚＋金属网＋背板，根据其他复采矿井支护经验本次设计架棚距为 500 mm。在实际施工过程中，遇到顶板较破碎或矿压突然加大等不良地质条件时，应根据实际情况采取缩小钢梁间距等措施及时加强支护，以保证安全。棚间应进行连锁。

复采工作面运输顺槽采用梯形断面，下掘进宽为 4 400 mm，上掘进宽为 3 900 mm，掘进高为 2 800 mm，掘进断面积为 11.62 m^2。

复采工作面回风顺槽采用梯形断面，下掘进宽为 4 400 mm，上掘进宽为 3 900 mm，掘进高为 2 800 mm，掘进断面积为 11.62 m^2。

矿井复采时，由运输顺槽运送液压支架等大型设备，回风顺槽只运输辅助材料，故只需对运输顺槽高度进行验算。运输顺槽高度验算如下。

根据最大运输设备(ZF6600/17/27.6 型液压支架)最小高度计算，首先确定巷道掘进高度 H。

$$H \geqslant H_1 + H_2 + H_3 + H_4 = 0.3 + 1.7 + 0.1 + 0.3 = 2.4(\mathrm{m}) \tag{8-1}$$

式中 H——巷道净高度；

H_1——矿方特制运输平板车高度，取 0.3 m；

H_2——液压支架最小高度，取 1.7 m；

H_3——12# 工字钢厚度取 0.1 m；

H_4——安全间隙，0.3 m。

经上述公式计算知，运输顺槽巷道掘进高度满足矿井正常生产使用要求。

复采工作面开切眼采用矩形断面，掘进宽为 7 000 mm，掘进高为 2 200 mm，掘进断面积为 15.40 m^2。

8.2.2 掘进工作面个数和掘进工作面的机械配备

矿井回采的年推进度为 1 188 m，掘进的推进度为 200 m/月。矿井采掘比采用下述公式计算：

$$K = \left(\sum D_i \pm C\right) \Big/ \left[\sum (G_i J_i) \times 12\right] \tag{8-2}$$

式中 K——矿井采掘比；

D_i——“三量”基本相等时期内第 i 年进尺，取 1 188 m；

C——进尺差异，取 371 m；

G_i——“三量”基本相等时期内第 i 年工作面平均个数，取 1 个；

J_i——“三量”基本相等时期内第 i 年工作面月平均进度，取 108 m/月。

经计算 $K=0.63$，本次设计取 0.5，即采掘比为 1∶2。

为了保证复采工作面正常接替，根据复采工作面和掘进工作面的推进速度，矿井配备两个综掘工作面，一个综采工作面，采掘比为 1∶2。掘进设备全部利用已有设备，综掘工作面机械设备配备见表 8-4，表中设备数量为两个综掘工作面设备数量。

表 8-4　掘进工作面主要设备表

设备名称	综掘工作面		
	型号	功率/kW	数量/台
煤巷掘进机	EBZ-55	100	2
可伸缩带式输送机	SSJ-650/40	40	2
局部通风机	FBDYNo6.0	2×15	4
喷雾泵站	JZP-100A	10	1
气动隔膜泵	BQG-350/0.2		1
探水钻机	ZDY-1200S	22	2

8.2.3　井巷工程量

复采工作面投产时，矿井新增井巷工程长度为 2 832 m，均为煤巷，掘进总体积为 16 938 m^3。井巷工程量汇总见表 8-5。

表 8-5　新增井巷工程量汇总

序号	工程名称	支护方式	长度/m	断面积/m^2		掘进体积/m^3		
				净	掘进	井巷	硐室	小计
1	采区变电所	锚网喷	45	9.36	10.64	478.8		478.8
2	3101 运输顺槽(扩刷)	钢棚	804	5.90/10.69	6.60/11.62	5 396.5		5 396.5
3	3101 回风顺槽(扩刷)	钢棚	775	4.70/10.69	5.45/11.62	1 202.9		1 202.9
4	3101 工作面开切眼	钢棚	80	14.31	15.40	1 232		1 232
5	3102 运输顺槽掘进头	钢棚	200	10.69	11.62	2 324		2 324
6	3102 回风顺槽掘进头	钢棚	918	10.69	11.62	6 058.8		6 058.8
7	临时避难硐室	钢棚	10				245	245
8	合计		2 832			16 693.0	245	16 938.0

8.2.4　建设工期

根据井巷工程施工进度计划安排，施工准备及探放水等准备工作工期 1 个月，井巷工程工期 5 个月，安装工程 1 个月，复采区建设工期为 7 个月。

复采区域的巷道掘进工作选用 EBZ-55 型掘进机，其结构紧凑、适应性好、机身矮、重心低、操作简单、检修方便。EBZ-55 型掘进机截割部驱动动力由截割电机提供，具有较强的连续过载能力，适应复杂多变的截割载荷，并利用喷雾水加强冷却效果，适用于复采区域复杂多变的掘进情况。

8.3 掘进工作面安全保障

8.3.1 掘进安全一般措施

(1) 施工单位要严格按中腰线及允许掘进长度施工，施工期间地测科要经常搜集有关地质资料，必须提前探测空区、空巷、冒落区的位置及形状，以防巷道掘进期间误揭露采空区。施工单位施工过程中发现异常，立即停止掘进，通知地测科及有关部门。

(2) 施工时，要坚持“预测预报、探掘分离，有掘必探、有采必探，先探后掘、先探后采”的原则。

(3) 在探掘过程中作业人员要随时注意工作面附近情况，如发现工作面围岩特别破碎、岩柱压出或崩落、压力增大、片帮掉渣、冒顶、底鼓、瓦斯忽大忽小、气温异常、打钻夹钻和顶钻等异常情况时，必须立即停止打钻，并向矿调度室汇报，必要时立即撤人到进风流侧安全地点，并向调度室等有关业务科室和矿领导汇报，采取措施进行处理。

(4) 在探掘期间，通风区必须确保施工地点有足够的风量，并派专职瓦斯检查员检查探眼及附近巷道内的瓦斯等有害气体，如发现超过《煤矿安全规程》规定，必须立即撤人到新鲜风流中进行处理，待处理好后，经瓦斯检查员检查，有害气体不超限后方可打钻。

(5) 在探掘过程中发现探眼出水时，不得拔出钻杆，应观察水的压力、流量等情况，发现水压较大时，立即撤出所有人员到安全地点，并向矿调度室及队值班人员汇报，待压力明显减小且水量稳定后再继续施工。

(6) 打完探眼后，若无水流出或水流尽后，必须由瓦斯检查员检查施工巷道内探眼附近的瓦斯及 CO 情况。若探透采空区老空区，应检查探眼内瓦斯及 CO 情况，如瓦斯或 CO 等有害气体浓度超过《煤矿安全规程》规定，必须立即停止施工，并撤出人员进行处理，待瓦斯、CO 等有害气体不超限后方可恢复施工。

(7) 探眼探透老巷后，必须先将采空区内的有害气体吹散，然后再向前施工。

(8) 在打探眼过程中，如发现巷道顶帮挂红、挂汗，空气变冷，出现雾气，有水叫，顶板淋水加大，顶板来压，底板鼓起或产生裂隙出现渗水、水色发浑、有臭味等出水预兆，必须立即停止作业，并向矿调度室及队值班人员汇报，发出警报，立即将所有受水灾威胁人员撤到安全地点。

(9) 施工探眼及掘进时，通风区必须派专职瓦检员经常检查瓦斯及其他有害气体浓度，当工作面风流中瓦斯浓度达到 1.0%或二氧化碳浓度达到 1.5%时，必须停止工作，切断电源，撤出人员，采取措施进行处理。

(10) 若探眼内发现 CO，通风区瓦斯检查员必须及时向有关部门汇报，并撤出抽放巷内的所有施工人员。

(11) 经打探眼，确认无水或有水排尽后，瓦斯浓度不超过 0.7%时，方可向前正常施工。

(12) 检查科安检员及通风区瓦检员负责监督打探眼的全过程，跟班干部或班组长必须做好探眼施工记录，且升井后必须填写探眼施工记录本。

(13) 若探透采空区后，探眼不出水或水流尽，必须用黄泥将钻孔封实。若孔深超过

2 m，封孔长度不小于 2 m；若孔深小于 2 m，钻孔必须全部封满。

(14) 每掘进 1 个循环，必须重新按要求打探眼。

(15) 当施工至采空区位置时，要小断面揭开，然后慢慢刷大断面，并及时架设好透口处的支架，护好帮顶。小断面揭开透口后，风筒要紧跟透口，防止发生瓦斯超限等有害气体事故。

(16) 井下进行爆破作业时，要严格执行“一炮三检”和“三人连锁爆破”制度，本区域的机电设备(非本安型)由机电工负责停电、落锁，由跟班队长负责落实情况。

(17) 巷道掘进时，若出现底鼓现象，要及时处理，并对巷道底板进行注浆加固，或者打底锚杆。

(18) 巷道沿底掘进，坚决杜绝掘进时出现伞檐、台阶、超宽等工程质量问题，将巷道断面误差控制在 0～150 mm 范围内。

8.3.2　防止顶板事故措施

(1) 过空区、空巷施工过程中，严格执行敲帮问顶制度，尤其是上山“额头”岩石及“迎脸”岩石，作业前要及时凿掉活矸危岩，严防片石伤人。

(2) 永久支护要紧跟工作面，不留空顶距，防止发生顶板冒落事故。

(3) 掘进工作面过空区、空巷期间，棚距可适当缩小，避免出现推棚、冒顶。如遇岩石破碎，应停止掘进，支护形式改为加棚喷浆支护，直至穿过空区、空巷 10 m，岩性变好后，方可恢复原支护形式。

(4) 施工前要备足木料、水泥、石粉、钢棚等物料，若发生冒顶，要等顶板稳定后再处理。

(5) 掘进发生漏顶时，循环步距由 1.2 m 改为 0.6 m，且架与架之间必须支设拉杆，铺好铁丝网，网下放好木梁。空顶距离超过 0.6 m 的区域必须用横木搭成井字形木垛进行勾顶，以保证支架支设牢固可靠。

(6) 当铺好的铁丝网出现破损时，要及时更换，更换时要先处理漏下来的碎煤。

(7) 发生冒顶需进行临时支护时，按以下要求执行：

① 先由班组长或有经验的老工人用长柄工具(长 3.5 m 以上)敲帮问顶，站在有掩护的安全地点捣下松动的活矸。要有专人观察顶板变化情况，发现顶板来压或有异常情况，应立即将人员撤到安全地点，待来压过后，经检查确实没有片帮冒顶危险时方可继续作业。

② 要求工具备全，料备足，找好后路。至少四人配合作业，确保临时支护稳定可靠。

③ 进行临时支护人员要先预想好站立位置、处理方法、退路，要有随时撤退的思想准备。进行临时支护时，要做好掩护，在掩护下进行操作，精神要集中。架下人员必须听从架上人员指挥。现场作业人员要密切配合，动作迅速，保证安全。

8.3.3　空区、空巷瓦斯积聚处处置措施

该矿井为高瓦斯矿井，所留的空区、空巷内可能积聚有瓦斯，因此，必须在掘进前采取措施降低瓦斯浓度。

8.3.3.1　超前钻探释放瓦斯

掘进作业前，在工作面迎头打瓦斯释放钻孔，数量为 3～4 个，在工作面前方呈扇形布

置，钻孔长度为60 m，保持20 m的超前距(称之为长探)。长探时在孔口5 m内使用直径75 mm的套管固孔，孔口安装控制阀门。在长探孔中，视煤层情况，尽可能进行扩孔。然后，在每个小班掘进过程中还要打5个长6.5 m的钻孔，呈圆锥形布置，保持5 m的超前距(称之为短探)。短探使用强力煤电钻配合续接式空心麻花钻杆，该钻杆质量轻，续接方便，适合在煤层中钻探。

在掘进作业中坚持长探与短探相结合，保证探孔提前与老空钻透。超前钻孔的主要目的是使瓦斯提前均匀释放，在巷道接近老空前将老空内瓦斯进行彻底排放，从而安全地揭露老空。

8.3.3.2 探孔注气，强化排放

钻孔打透老空后，开始阶段老空内积聚的瓦斯通过钻孔向巷道内涌出的速度较快，经过一段时间(一般2～3 d)，随着老空内瓦斯量和瓦斯压力的降低，排放速度逐渐降低，最后处于停滞状态。为彻底排放老空内残余瓦斯，尽快消除瓦斯隐患，在这个阶段需采取强化排放瓦斯措施。

利用压缩空气系统，通过巷道内的压风管路向孔内注入压缩空气，将老空内瓦斯通过稀释、增压“驱赶”出来。严格掌握注入老空内的压缩空气流量，以排出瓦斯后孔口附近瓦斯浓度不大于1.0%为原则，由小到大控制流量。

压缩空气注入老空后，可迅速稀释老空内瓦斯，降低老空内瓦斯浓度，同时提高了老空内瓦斯压力，使老空内与巷道内的空气压差增大，促使老空内瓦斯迅速向巷道涌出。压缩空气具有较高的压力，只要探孔不出现严重塌孔，就能够注入老空，又由于是多个探孔与老空打透，没有注入压缩空气的探孔也会有瓦斯涌出，加快了排放速度。

8.3.3.3 提高掘进工作面巷道风速和风量，加快瓦斯排放速度

当巷道内风速加大时，会引起附近所积存的瓦斯扩散速度加快，老空和老巷内积存的瓦斯向外扩散速度也加快，使瓦斯排放的强度加大，巷道内瓦斯涌出量增大。为加快瓦斯排放速度，掘进工作面局部通风需采用对旋高效轴流式风机提高风压，提高巷道内风速，加快空区、空巷内的瓦斯排放速度。同时为保证通风的连续稳定，采用双风机双电源、自动倒台和风电瓦斯电闭锁措施。

在提高风速的同时，需增加掘进工作面迎头风量，扩散到巷道内的瓦斯可被迅速稀释到安全浓度内，迅速排出巷道。

8.3.3.4 坚持装煤(岩)洒水和风流净化

坚持采用装煤(岩)洒水和水幕净化风流，防止煤尘飞扬。

8.3.3.5 安设导风筒(管)处理局部高顶处瓦斯

局部高冒处，在排放瓦斯、封堵空隙后还要安设导风筒(管)，防止风流中的瓦斯在此聚积。同时这些地点要专门悬挂瓦斯检查牌板，作为必须检查地点，编号管理。

8.3.3.6 加强瓦斯检测

在频繁揭露老空的巷道设专职瓦检员，在长探、短探，特别是利用压缩空气强化排放老空内瓦斯时，对钻孔内、钻孔外、巷道风流中不间断地进行瓦斯、CO、CO_2、温度检测，监督指导瓦斯排放，确保孔口附近瓦斯浓度保持在1.0%以下。对巷道中高顶地段(顶板较高区

域)、封堵地段、导风筒地段增设瓦斯检查牌板,重点检查,发现异常时立即查明原因,进行处理。

8.3.3.7 安全揭露老空

当巷道距老空2 m时,经检测老空内瓦斯浓度不超过0.5%,CO、CO_2、温度等参数全部符合要求后,即可人工用风镐、手镐揭露老空。首先用风镐掘一个直径为500 mm左右的孔洞与老空贯通,进一步检查老空内瓦斯浓度,将风筒出口对准该洞,进一步稀释、冲淡、排出老空内瓦斯,在确认老空内瓦斯浓度降到1%以下后,方可全面揭露老空。

8.3.4 架棚支护安全技术措施

(1) 各班组架棚支护前必须严格执行敲帮问顶制度,将顶板活矸处理掉,确认安全后方可继续作业。

(2) 架棚时,作业点下方人员必须站在安全地点,不允许做其他工作。

(3) 若顶板围岩较破碎,必要时要先对作业地点前2~3 m范围内巷道进行临时支护,采用在工字钢棚上穿超前探梁。减小工字钢棚距至500 mm,背紧顶、帮,棚与棚之间用拉杆钉牢连锁使用,临时支护要始终保证2~3 m,交替前移。

(4) 需扩帮挑顶时,要逐棚进行,扩够一个棚距时,要及时架棚,严禁一次性大面积挑顶,严禁同排同时进行挑顶刷帮作业。

(5) 至少6人共同协作,抬棚梁及上梁时,要精力集中、动作协调、稳抬稳放,并由队干部或班组长在一旁统一指挥,以防发生事故。梁上到工作台之后,在安全的情况下再往棚腿上放,待调整位置合适后,立即上卡子固定。

(6) 上梁前,要用木板、木料搭建牢固的工作台,上梁时作业人员站在牢固的工作台上操作。工作台高度为1.0 m左右,宽度不小于600 mm,木板厚度不小于50 mm,用扒锔钉钉牢,捆绑牢固可靠。

(7) 支架未架设好时,不得终止工作,严禁下班时留有空帮、空顶。

(8) 要保护好电缆、风筒、设备等物件,不得使电缆、风筒损坏或将电缆拿到棚里面。

8.3.5 巷道贯通安全技术措施

(1) 贯通前成立贯通指挥组,由矿总工程师统一指挥,由生产技术部、通风部、机电部各部室成员组成。

(2) 贯通前带班班长、安检员、瓦斯检查员必须先进入工作面,瓦斯检查员先检测工作面及各钻孔内瓦斯和其他有毒有害气体浓度,发现隐患,及时采取措施,进行处理。确认瓦斯等有害气体符合要求后方可作业。

(3) 贯通时,由生产技术部门编制贯通措施,严格按贯通措施执行。

(4) 严格进行通风瓦斯管理,工作面必须保证正常通风,当班施工负责人、技术负责人、安全负责人必须安排专人检查风筒距工作面距离,风筒出风口距工作面距离不得大于5 m。

(5) 过空巷时,必须缩小循环进度,对空顶部分按照设计进行钢棚加密。

(6) 瓦斯传感器至工作面迎头不大于3 m,距顶300 mm、帮200 mm的回风侧,每次截割前,瓦检员进行一次瓦斯检测,瓦斯浓度在0.5%以下时方可作业。

(7) 瓦斯检查员严格执行交接班制度。瓦斯检查员必须现场交接,交接班不到位,交接瓦斯检查员不得脱岗。

(8) 进行空巷处理作业时由安检员、瓦检员现场盯守,发现异常停工撤人。

(9) 入井人员必须佩戴矿灯、安全帽和压风自救器等防护用品,施工人员经培训,熟练操作自救器方可下井作业。

(10) 支护前,班队长对工作面附近的顶板、煤帮、支护等情况进行全面细致的检查,严格执行敲帮问顶制度,若发现有活矸危岩、片帮等现象必须立即处理。处理隐患和敲帮问顶时必须至少有两人进行,一人监护,人员都必须站在顶板完好的地方,使用长柄工具站在斜上方有支护的安全地点工作,注意退路畅通。在隐患未处理完之前,班队长和安全员不得离开现场,其他人员不得在周围做其他工作。

(11) 当发现顶板有离层现象时,必须先支设戴帽点柱,后进行永久支护,任何人员不得进入无支护的空巷内。

(12) 支护时必须有安全员负责监视顶板变化情况,发现有危险,必须立即发出信号,将人员撤到安全地点。待顶板稳定后方可进入工作面作业。

(13) 密闭前 5 m 内支护完好,无杂物、积水,并且要设栅栏、警标、说明牌板和检查箱。

(14) 砌墙时要将料石竖直缝错开,横缝要水平,灰缝要均匀饱满。墙壁后应用黄土将壁后充填密实。料石尾部要垫平支稳。

(15) 砌好墙后要仔细勾缝,灰缝不饱满、局部有蜂窝麻面等,应用砂浆勾抹平整。

(16) 煤矿井下作业人员在发生火灾、瓦斯爆炸或瓦斯突出等灾害时应能正确使用自救器。使用自救器前,观察压力表的指示值,不得低于 18 MPa,使用时随时查看压力值,以掌握用氧情况及撤离时间。

(17) 不得无故开启、磕碰及坐压自救器,在未达到安全地点时不要摘下自救器。逃生过程中严禁拿出口具说话,只能用手势进行联络。

(18) 所有参与巷道贯通人员必须进行相应作业规程及安全技术措施的学习培训,熟悉掌握遇顶板事故、瓦斯爆炸、透水等灾害的避灾路线及应急措施。

8.4 工作面掘进示例

通过一系列的掘进保障技术,确保了巷道的安全掘进,保障了掘进效果和掘进速度。最终巷道的掘进速度约为 7 m/d。

8.4.1 掘进中的问题及解决方法

在试验工作面的掘进过程中,主要遇到了钻探、顶板维护、巷道维护问题。

(1) 在钻探方面主要存在的问题为:施工钻孔区域存在空区和压酥煤体,导致压钻、卡钻、进钻速度慢、退钻难等问题。

解决方法:长探+班探。长探:正常探钻;班探:每班在掘进前,前探后掘,在煤帮、掘进前方、顶板等处均进行钻探,钻探距离约 10 m,确保安全后掘进。

(2) 顶板维护方面的问题主要有:顶板破碎(顶板垮落)、顶板未垮落。

顶板破碎(顶板垮落):掘进过程中发现顶板不完整,存在顶板破碎、顶板不稳定现象,导致掘进困难。

解决方法：停止掘进，通过打钢钎的方法使顶板保持较为完整的状态，并及时采用钢梁架棚支护，顶住钢钎外漏端，确保安全后再掘进。

顶板未垮落：掘进过程中遇空巷、空区等时，顶板存在两种状态——未垮落、垮落部分未充填满空区或全部垮落充填满空区，导致掘进困难。

解决方法：揭露空巷时(宽高较小，较长)，立即停止作业，测瓦斯浓度，查看空巷基本情况，判断空区与掘进方向层位关系、空巷尺寸等，及时密闭空巷两端，设置顶底板、瓦斯等观察牌板。若空巷与掘进巷道顶板相平，通过敲帮问顶确保安全后支设钢梁、架棚支护；若空巷与掘进巷道顶板不平，掘进巷道顶板比空巷顶板低，根据低的程度架木垛进行支护，确保顶梁与顶板之间密实。揭露空区时(宽高较大，较短)，立即停止作业，测瓦斯浓度，查看空区基本情况，敲帮问顶，确保安全，先打木点柱，后打锚索，确保顶板整体稳定后吊木梁，使钢梁与顶板之间密实。

(3) 巷道维护存在问题：架棚支护后在不规则的初期来压或周期来压时，顶梁或梁腿容易弯曲或变形，影响安全。

解决方法：更换变形或弯曲的钢梁，加强支护，先支后回，先顶后帮。

8.4.2　掘进实例

8.4.2.1　3102 运输顺槽掘进过旧巷安全技术措施

3102 运输顺槽掘进工作面在掘进过程中探出前方有一垂直相交旧巷，为确保掘进工作面过该空巷期间的安全，特制定如下安全技术措施。

(1) 空巷概况：根据技术科提供的图纸技术资料，该巷顶板稳定，巷高近 3 m，宽为 3.6 m。该巷采用粗料石砌碹支护，无瓦斯和有毒有害气体，对掘进影响不大。

(2) 施工方法：贯通之前，根据现场实际情况可采用缩小支护间距或补打液压柱配合钢梁加强支护。要求掘进队每班使用接力钻杆向巷道掘进范围前方钻探，直至探眼打透。所有探孔必须按规定封实，确保旧巷内无积水与瓦斯涌出，然后方可正常掘进。

采掘工作面接近松软或围岩较破碎的空巷时，围岩破碎区外延至少 5 m 范围内应进行注浆加固，并采用撞楔法等超前控制顶帮。要求在工作面煤帮与空巷最近位置剥出 0.5 m^2 见方的小孔，进行有毒有害气体排放，当 CH_4 浓度小于 0.8%、CO_2 浓度小于 1.2%及其他有毒有害气体符合相关规定(CO 浓度不超过 0.002 4%、NO_2浓度不超过 0.000 25%、SO_2 浓度不超过 0.000 5%、H_2S 浓度不超过 0.000 66%)，方可进行全断面贯通揭露。当气体浓度超限时，立即撤出工作面所有人员并及时汇报调度室及相关职能部门进行处理，待通风科确定各类有毒有害气体均不超限时，作业人员方可将巷道断面刷大至设计断面，并恢复作业。

拆除石墙时，作业人员站在永久钢棚下，用长柄工具处理干净顶帮的活矸(煤)并进行敲帮问顶，确认安全后，挂连顶网。根据空巷高度采用合适的戴帽点柱或者单体液压柱进行临时支护，每平方米不小于一根，不得空顶作业。交叉的两边要设置栅栏揭示警标，禁止人员进入。

(3) 在 3102 运输顺槽与旧巷安全贯通后，首先拆除直墙至掘进巷道高，拆除直墙时要用单体液压柱打好临时支护，然后架设双钢梁接实直墙；经现场确认安全后，若碹体完好无冒落，由综掘一队首先在架设原工字钢棚基本支护上，再搭设井字架木垛接顶支护该处十字岔口，然后由通风队以 3102 运输顺槽中线为基准两边各相距 3.5 m 处施工两道密闭墙，密闭墙要严密不漏风；密闭墙与钢棚腿部根据现场实际情况支设合适木垛结实顶帮。

8.4.2.2 施工工艺和支护方式

(1) 施工工艺：安全检查→临时支护→检查瓦斯→处理隐患→割煤→搭设永久支护工字钢棚→木垛勾顶→完成一个循环。

进入作业地点，由安全员、瓦检员、带班班长先联合仔细检查一遍作业地点安全情况；经确认安全无隐患后方可作业。

作业人员站在永久钢棚下，用长柄工具处理干净顶帮的活矸(煤)并进行敲帮问顶。

(2) 永久支护：基本支护采用矿用 12# 工字钢棚，正常棚距为 0.6 m，顶板压力大时缩小棚距。

8.4.2.3 支护质量技术要求

(1) 梁与腿的结合必须紧密，接口要严密，不准出现“后穷”“错牙”现象，梁头与两帮必须背实，梁腿后超宽部分要填实，严禁空帮。

(2) 棚中心距为 0.6 m，必须挖柱窝使棚腿支在实底上；柱窝深度不得小于 5 cm，压力大时采用加强支护。

(3) 顶、帮均铺设 12# 金属网，棚梁两头必须留有余网与帮网搭接，两帮金属网接至底板。网片必须铺设平展、张紧有力，金属网间必须连接牢固，搭接 10 cm，环环相扣，一扣三扭，网片绑丝毛刺要统一朝向工作面迎头。

(4) 所有钢棚支架必须垂直于顶、底板支设，棚架迎山有力。支架架设要端正，钢梁、棚腿均成一面，保证工字钢棚接实顶、帮。

(5) 工字钢棚拉杆必须上全，工字钢钢梁上冒落处必须用填木勾顶接实。

(6) 钢梁端头与棚腿上部槽钢卡槽衔接处架设要平稳，棚腿叉角要符合要求。

(7) 每架工字钢棚梁顶上 4 块背板，交叉搭设；两帮各上 3 块背板，底板处一块，两拉杆中间一块，顶板与上拉杆中间一块。

(8) 顶背板为长 80 cm、宽不小于 12 cm、厚 2 cm 的木板，帮背板为长 60 cm、宽不小于 12 cm、厚 2 cm 的木板，充填材料为直径为不小于 10 cm、长 1 m 的道木。严禁使用不合格及变形、弯曲或焊口开裂的支架梁、腿。

(9) 不得使用腐朽变质的木料，不得使用直径小于 16 cm 的松木，木垛必须支设牢固可靠，支设木垛要挂便携式瓦斯报警仪。

(10) 遇原有旧巷采高高于现掘进巷道采高或旧巷宽度大于现掘进巷道时，采用搭设“#”字木垛的方式对空顶、超宽部分进行支护、搭设木垛，搭设木垛时，托木垛的单体支柱要牢固可靠。木垛装齐后要把顶帮接实。在搭设木垛过程中，下口小眼处禁止站人，以防上面坠物伤人。

(11) 在装木垛过程中，如发现安全隐患要立即撤出上面的人员，所有施工人员撤到安全处，并及时向调度室和单位汇报现场情况，等顶板稳定、险情过后，采取措施在顶板安全的情况下再进行装木垛工作。

(12) 木垛支护质量要求：支设木垛时，必须保证木垛层层稳固、对齐，木楔刹紧、背实、背稳，保证木垛接顶牢固、可靠、有效；支设木垛时要明确分工，安全员负责观察顶板、两帮，两人递料，一人支设木垛，不准使用腐烂木料、破损及变形的木料打木垛，木垛应选用规格一致的木料打成方形；木垛层面必须和原有支护倾斜面一致，迎山角应与原有支护的迎山角一致；木垛层间用木楔楔紧，使木垛各层接触点上下在一条直线上。

8.4.2.4　密闭质量

(1) 墙面平整(1 m 内凸凹不大于 10 mm)，无裂缝、重缝和空缝，严密不漏风(手触无感觉、耳听无声音)，墙体厚度不小于 50 cm。

(2) 墙体周边要掏槽，两帮及底板槽深不小于 30 cm，顶板槽深为见硬顶后槽深 20 cm，并抹有不少于 0.1 m 的裙边。

(3) 墙体周边无导电体进入墙体。

8.4.2.5　安全风险辨识及安全技术措施

依据该矿《安全风险分级管控年度辨识报告》评估成果，以及通过透贯前采用工作任务分析法进行风险辨识评估，具体如下。

(1) 风险清单如下：

① 顶板。顶板围岩不稳定发生冒顶未及时打临时支护或进行永久支护时，人员不足，可能导致顶板发生冒落，人员不能及时撤离。

② 瓦斯。贯通后未及时调整风路造成部分地点瓦斯积聚，导致风险提高；局部通风机故障，造成掘进工作面无风而瓦斯积聚；巷道贯通前未提前做好调风准备，风流短路造成通风系统紊乱，瓦斯超限。

③ 机械。综掘机停机后未断开电源开关，综掘机异常启动，附近有人可能造成人员受伤；掘进机附近有人，启动掘进机，可能造成人员伤亡；掘进机停机后，未断开电源开关，切割头未落地，上防护罩时可能造成人员受伤。

(2) 针对以上风险辨识和评估结果，安全技术措施如下：

① 本措施由队长负责向本队全体人员进行贯彻，每班应讲清楚作业安全注意事项。

② 所有作业人员都必须熟知本措施及各种避灾线路。

③ 作业地点必须设置专职的安全员和瓦检员现场监督。

④ 安全员要把好当班安全关，并负责观察顶板情况和严格监督措施的实施。

⑤ 瓦检员要携带多功能气体检测仪，严格检查作业地点 20 m 范围及探孔内瓦斯、CO_2 和其他有毒有害气体，浓度超限时严禁作业。

⑥ 必须严格执行现场安全确认制度和四人联合顶板鉴定制度，确认安全无隐患并签字后方可作业。

⑦ 施工期间，严格执行敲帮问顶制度，待确认安全且敲帮问顶处理完毕方可进行支护作业。

⑧ 通风科要保证局部通风机的正常运转，矿井监测监控系统必须对作业地点的瓦斯浓度变化以及被控设备的通、断电情况进行实时监测，瓦检员和井下电钳工以及监测监控工必须严格执行现场交接班制度。

⑨ 加强线路巡检及设备检修工作，各作业工种必须持证上岗，并严格按本工种岗位责任制和操作规程执行。

⑩ 采用综掘机落煤，在每次支护完成后，及时对贯通点后方 20 m 范围内的支护情况进行全面检查，如发现质量和安全隐患，必须立即进行整改。

⑪ 截割落煤后，应及时打好临时支护。在架设临时支护和永久支护时，班组长要组织充足的人员一起作业，并派专人看护顶板情况。

⑫ 工作面必须备用一定数量的松木、单体液压柱等支护材料。

⑬ 跟班领导必须坚持井下 8 小时跟班，在现场进行交接班；交接班时，要交接清存在的问题及处理意见；如遇特殊情况，要立即停止作业，并迅速向调度室汇报。

⑭ 各种物料要分类码放整齐，保证人员退路畅通。

⑮ 机电队必须对巷道内所有机电设备严格检查一遍，保证零失爆。

⑯ 保证风机自动切换装置完好，瓦斯电闭锁、风电闭锁必须起作用，严禁无计划停风。

⑰ 排放旧巷瓦斯期间，严禁在未检测有毒有害气体浓度前就进行作业。只有在瓦斯、CO_2和其他有毒有害气体符合规定情况下，才可作业。

⑱ 过空巷及采空区前，加强逐班探测，安全员、瓦检员必须监督检查探眼作业的全过程，发现情况异常（与老空探透、瓦斯异常、有透水征兆）时，必须停止钻进，但严禁拔出钻杆，立即向调度室汇报处理，只有在确认安全的情况下方可拨出钻杆。拔出钻杆后，瓦检员立即检查探眼内有害气体，并汇报调度室进行处理。掘进探眼过程中如遇吸钻、煤发潮等情况，需要多进行探测以便于准确掌握工作面水文地质、采空区、旧巷等情况。

⑲ 使用大锤等工具时，周围人员必须躲到工具波及范围之外，严防伤人。使用风镐时，风管各接头必须坚固，严禁接头漏风。

⑳ 严禁无风、微风作业。工作面通风不正常时，必须停止作业，撤出工作面所有人员。待恢复通风后，经瓦检员检查并允许后，工作人员方可恢复工作。

㉑ 施工单位要严格按中腰线及允许掘进长度施工，施工期间地测科要经常搜集有关地质资料，必须提前探测空区、空巷、冒落区的位置及形状，以防巷道掘进期间误揭露采空区。施工单位施工过程中发现异常时应立即停止掘进，通知技术科及其他有关部门。

㉒ 在探掘过程中作业人员要随时注意工作面附近情况，如发现工作面围岩特别破碎、岩柱压出或崩落、压力增大、片帮掉渣、冒顶、底鼓、瓦斯忽大忽小、气温异常、打钻夹钻、顶钻等异状时，必须立即停止打钻，并向矿调度室汇报，必要时必须立即撤人到进风流侧安全地点，并向调度室等有关业务科室和矿领导汇报，采取措施进行处理。

㉓ 在探掘期间，通风科必须确保施工地点有足够的风量，并派专职瓦斯检查员检查探眼及附近巷道内的瓦斯及有害气体，如发现超过《煤矿安全规程》规定，必须立即撤人到新鲜风流中进行处理，待处理好后，经瓦斯检查员检查，有害气体不超限后，方可进行打钻。

㉔ 在探掘过程中发现探眼出水时，不得拔出钻杆，观察水的压力、流量等情况，发现水压较大时，立即撤出所有人员到安全地点，并向矿调度室及队值班人员汇报，待压力明显减小且水量稳定后方可继续施工。

㉕ 打完探眼后，若无水流出或水流尽，必须由瓦斯检查员检查施工巷道内探眼附近的瓦斯及 CO 情况。若探透老空，应检查探眼内瓦斯及 CO 情况，如瓦斯、CO 等有害气体浓度超过规定，必须立即停止施工，并撤出人员进行处理，待瓦斯、CO 等有害气体不超限后，方可恢复施工。

㉖ 探眼探透老巷后，必须先将采空区内的有害气体吹散，然后再向前施工。

㉗ 在打探眼过程中，如发现巷道顶帮挂红、挂汗，空气变冷，出现雾气，有水叫，顶板淋水加大，顶板来压，底板鼓起或产生裂隙出现渗水、水色发浑、有臭味等出水预兆，必须立即停止作业，并向矿调度室及队值班人员汇报，发出警报，并将所有受水灾威胁人员撤到安全地点。

㉘ 施工探眼及掘进时，通风队必须派专职瓦检员经常检查瓦斯及其他有害气体浓度，当工作面风流中瓦斯浓度超过 1.0%或 CO_2浓度超过 1.5%时，必须停止工作，切断电源，撤出人员，采取措施，进行处理。

㉙ 若探眼内发现 CO，瓦斯检查员必须及时向通风科及其他有关部门汇报，并撤出所有施工人员。

㉚ 安全员负责监督打探眼的全过程，跟班干部或班组长必须做好班探记录。

㉛ 若探透采空区后，探眼不出水或水流尽，必须用红土泡泥将钻孔封实。若孔深超过 2 m，封孔长度不小于 2 m；若孔深小于 2 m，钻孔必须全部封满。

㉜ 每掘进一个循环，必须重新按要求打探眼。

㉝ 空巷维护严格执行敲帮问顶制度及遵循先支后撤的原则，支护方式参照《3102 运输顺槽掘进规程》进行永久支护。空巷 5 m 范围内永久支护完成后，如空巷为斜交空巷(提前于斜交空巷两侧设置栅栏、警标，严禁任何人员进入无支护的空巷)，则对两帮进行密闭。

㉞ 如空巷与走向相同，则在作业点迎头小于 5 m 处设置栅栏、警标，严禁任何人员进入。

㉟ 当施工至采空区位置时，要小断面揭开，然后慢慢刷大断面，并及时架设好透口处的支架，护好帮顶。小断面揭开透口后，风筒要紧跟透口，防止发生瓦斯超限等有害气体事故。

㊱ 在揭露老空区时，必须将人员撤离至安全地点。只有经过检查，证明老空区的水、瓦斯和其他有害气体等无危险后，方可恢复工作。

㊲ 掘进及贯通过程中，严禁任何人违章指挥、违章作业、违反劳动纪律。

㊳ 本措施未涉及或有与《煤矿安全规程》相抵触的内容，严格按照《煤矿安全规程》《作业规程》等有关规定执行。

㊴ 若遇到特殊情况，及时制定补充安全技术措施，指导现场作业。

8.4.2.6 3103 运输顺槽钢棚变形加强支护安全技术措施

3103 运输顺槽 100～250 m 段钢棚上帮梁腿变形严重，现需对该段进行加强支护，为确保施工期间安全，特制定本安全技术措施，所有现场作业人员必须认真贯彻执行。

(1) 施工组织机构

施工地点：3103 运输顺槽。

施工单位：综采队。

施工时间：2022 年 5 月 1 日 8 点班。

施工人数：10 人。

施工负责人及安全监管人：综采队队长。

现场施工负责人及安全监管人：综采队当班跟班队长、当班安全员。

现场巡查监管人：当班跟班矿领导(安全监察专员)、科室长。

(2) 准备工作

准备好工具：液压枪、液压管、撬棍等。

检查工作地点支护完好情况，清理作业现场杂物，保证作业地点畅通。

提前将备用DW31.5-250/100X型单体液压支柱运至施工地点附近。

施工前，通知带式输送机司机停电闭锁，挂停电牌，安排专人看护开关，严格按照停送电操作规程执行。

（3）施工方法

① 检查3103运输顺槽100～250 m段钢棚支护情况，由工作面向胶带下山方向使用长安全杆处理顶帮活矸、活炭。

② 在原有钢棚变形严重段，离上帮梁腿100 mm处钢棚下支设DW31.5-250/100X型单体液压支柱，排距500 mm。

③ 施工人员进入上帮煤壁侧作业时，站位要合理，严禁站在支护不完好地段施工，必须站在支护完好地段进行作业。

（4）安全风险辨识及安全技术措施

依据《安全风险分级管控年度辨识报告》评估成果，以及通过采用工作任务分析法进行风险辨识评估，具体如下。

① 风险清单

a. 顶板、煤帮（风险等级：一般风险）

处理煤帮隐患时未严格按措施进行，可能造成局部冒落伤人；未处理作业地点顶帮隐患，可能造成顶板垮落，矸石窜出伤人。

b. 机械（风险等级：一般风险）

未按规定发出信号开启带式输送机，可能造成人员挤伤；发送启动信号不清楚或错误，误启动造成设备损坏、人员伤害；带式输送机未停电、闭锁、挂牌，设备误启动运行，造成人员伤害。

c. 其他（风险等级：一般风险）

未及时清理作业地点浮煤、杂物，造成人员伤害；非作业人员进入施工地点，可能造成人员伤害；未明确监管负责人，造成人员乱操作，不能保证安全。

人员操作不规范，造成人身伤害。

② 安全技术措施

a. 参加作业人员要认真学习本安全技术措施，必须做到了解本次作业所处的环境和需注意的安全事项及本人在作业中的工作内容，然后方可上岗。

b. 所有作业人员必须熟知本措施及各种避灾线路，物料要码放整齐，保证退路畅通。

c. 作业地点严格按照《安全生产管理办法》明确现场监管负责人，做好作业人员的自保、互保、联保工作。

d. 安全员要把好当班安全关，并负责严格监督措施的实施。

e. 施工前，必须严格执行现场安全确认制度和联合顶板鉴定制度，确认安全无隐患并签字后方可作业。

f. 瓦检员要严格检查作业地点20 m范围内巷道及电气设备附近的瓦斯浓度和CO_2浓度，浓度超限严禁作业。

g. 3103运输顺槽带式输送机运行期间严禁横跨带式输送机作业。

h. 施工期间，保护好巷道内的各种管线。

i. 施工时，严格执行敲帮问顶制度，待确认安全后方可进行支护作业。要始终保证人员在完好支护下逐架作业，并随时观察煤帮和顶板支护情况。

j. 进行加强支护时，必须由内向外逐架进行支护。

k. 单体液压支柱支设好之后必须及时挂防倒绳，严禁使用失效的单体液压支柱。使用 DW31.5-250/100X 型单体液压支柱额定初撑力不得低于 90 kN(11.5 MPa)，初撑力不足的单体液压支柱必须及时更换。单体液压支柱注液口统一朝向工作面采空区。

l. 要安排有经验的老工人观察顶板，随时注意顶板及煤壁的动态，发现问题及时通知作业人员撤离或处理。

m. 在该段加强支护作业期间严禁单人作业，作业期间严禁任何人穿越该段。

n. 工作面一旦出现通风(瓦斯)、顶板等异常情况，必须立即停止作业，撤出所有人员，并上报调度指挥中心。

8.4.2.7 3108 回风顺槽(反向)掘进工作面过空巷掘进安全技术措施

3108 回风顺槽(反向)掘进工作面掘进至 92 m 处按计划揭露一处空巷，经研究决定，采用锚索支护控制顶板后，架设工字钢棚并在梁顶打木垛接顶掘进通过。为了确保过空巷掘进安全，特制定本安全技术措施，所有现场管理人员及施工人员必须认真贯彻执行。

(1) 施工组织机构

施工地点：3108 回风顺槽(反向)92～110 m。

施工单位：综掘二队。

施工单位负责人及安全监管人：综掘二队队长。

现场施工负责人及安全监管人：综掘二队当班跟班队长、当班安全员。

现场巡查监管人：当班跟班矿领导(安全监察专员)、科室长。

(2) 空巷情况

已揭露空巷位于 3108 回风顺槽掘进正前方，近垂直于 3108 回风顺槽布置，呈不规则矩形断面，无支护，无瓦斯及有毒有害气体。该空巷长为 30 m，宽为 5 m，高为 3.7 m，结合旧资料预计通过该空巷 5 m 后(102 m 处)还将揭露一处空巷(与已揭露空巷情况基本一致)，宽为 7.5 m。

(3) 施工方法

① 临时支护：采用一梁两柱支护，使用 3 m 木梁配 DW31.5 型单体液压支柱支护，排距为 2.0 m，间距为 2.5 m。木梁要支设平直，接实顶板，并交替前移使用。

② 空巷支护方式：锚索支护，锚索规格为 ϕ17.8 mm×8 300 mm，间排距为 1.5 m，并采用专用锁具，按照由外往内的顺序逐排支设锚索，支护范围不小于两帮支设木垛范围。完成上述工作后，割底煤掘进架设工字钢棚，在工字钢棚顶部架设“#”字形木垛接顶，木垛规格为长×宽=3 m×3 m。两帮分别留出 3 m 范围工字钢棚不上帮网及帮背板。

在进入实体煤前打钢钎控制顶板，实体煤掘进 2 m 后，在空巷内距巷道两帮 0.5 m 位置处各打一个木垛，左帮木垛规格为长×宽=4 m×3 m，右帮木垛规格为长×宽=3 m×3 m；最后补齐两帮帮网及帮背板。

在过 102 m 处空巷时施工方法按上述内容执行，根据现场情况右帮为冒落区时不架设木垛，如冒落区进入设计掘进巷道之内，则按作业规程穿设 3.5 m 钢钎进行超前支护。

(4) 锚索支护技术要求

① 锚索施工时必须采用专用锚索钻机和钻杆打孔，本巷道施工使用的锚索钻机为MQT-130/3.2型气动锚杆钻机。锚索钻孔深度为8 000～8 100 mm，锚索树脂锚固剂安装顺序为：先放入一支MSK2335型快速药卷（ϕ23 mm，长度为350 mm），再放入两支MSZ2360型中速药卷（ϕ23 mm，长度为600 mm）。锚固剂不得少放，否则按不合格处理。然后插入锚索将树脂锚固剂推至孔底，端点锚固。

② 锚索规格为ϕ17.8 mm×8 300 mm，锚索垂直于顶板支设。托盘应打正紧贴顶板表面，不得松动。严禁使用不合格的支护材料及配套设施，严禁截短锚索安装。锚索间排距偏差为－100～100 mm。锚索必须进行编号管理。锚索必须支护有效。锚索预紧时必须使用专用的锚索张拉机，锚索预紧强度不小于25 MPa，锚索的拉拔力不小于设计值的90%，不合格的锚索必须及时补打。

(5) 安全风险辨识与安全技术措施

依据《安全风险分级管控年度辨识报告》评估成果，以及通过作业前采用工作任务分析法进行风险辨识评估，具体如下。

风险清单如下：

① 瓦斯及有毒有害气体（风险等级：一般风险）。未按照规定及时检测有毒有害气体，可能发生瓦斯事故。

② 顶板（风险等级：一般风险）。未及时支设临时支护，顶板围岩不稳定可能发生冒顶。锚索支护未达到要求，可能造成顶板冒落伤人。

③ 人员（风险等级：一般风险）。人员操作不规范，可能造成人身伤害。

针对以上风险辨识和评估结果，安全技术措施如下：

① 本措施由参与作业人员所属科队当班负责人向参与此项作业的人员进行贯彻学习，每班应讲清作业安全注意事项。

② 所有作业人员必须熟知本措施及各种避灾线路，工作服必须穿戴整齐、袖口系严实，佩戴好防尘口罩。物料要码放整齐，确保安全出口畅通，满足行人和运料要求。

③ 作业地点严格按照《安全生产管理办法》明确现场监管负责人，做好作业人员的自保、互保、联保工作。

④ 安全员要把好当班安全关，严格监督安全技术措施的实施。

⑤ 跟班队长、班组长、安全员、瓦检员必须在现场进行交接班；交接班时要交代清楚存在的问题及处理意见。

⑥ 严禁任何人违章指挥、违章作业、违反劳动纪律。

⑦ 在该巷内设置警戒线，警戒线不能超出支护完好地段边界。风筒及时延伸至规定位置。严禁任何人员进入未支护区域。瓦检员要携带多功能气体检测仪，严格检查作业地点CH_4、CO_2和其他有毒有害气体情况，浓度超限应立即撤人。

⑧ 作业前，必须严格执行现场安全确认制度和顶板鉴定制度，确认安全无隐患并签字后方可作业。施工时，严格执行敲帮问顶制度。支设木垛前，必须提前准备好当班使用木料，木垛要搭设稳固，防止木垛散落造成木料滚落伤人。临时支护使用的木料直径不小于16 cm，ϕ100 mm单体液压支柱初撑力不小于11.5 MPa。

⑨ 搬、抬物件，所有人员必须戴手套。两个人以上搬、抬、推、拉、扛物件时，要统一步伐、统一肩膀、统一口令，保持协调一致。

⑩ 工作面必须备用一定数量的木料、单体液压支柱等。各种物料要分类码放整齐，保证人员退路畅通。

⑪ 支护前，必须先由瓦检员检查该处瓦斯浓度和其他有害气体情况。

⑫ 使用锚索张拉机对锚索进行紧固时，必须有专人看护。有一定张紧力后，人员要撤离至距锚索 3 m 以外的安全处。

⑬ 锚索钻机严禁水平使用或另作他用。使用完毕后将钻机竖直、牢固地放置在安全场所，禁止钻机平置于地面。加装锚索钻杆时，作业人员禁止戴线手套。

⑭ 掘进期间，调度指挥中心和安全指挥中心每班安排一名副科长以上管理人员，进行现场跟班盯守。

⑮ 作业点一旦出现瓦斯、顶板等的异常情况，必须立即停止作业、撤出所有人员，并上报调度室。

第9章 工作面高效回采与安全保障

9.1 采煤工作面概况

3101综放面位于矿区中西部，地面无建筑及道路。复采3#煤层，地貌为侵蚀山地，以低山丘陵为主，无任何人工建筑物及道路设施；煤层厚度平均为6.56 m，煤层倾角为2°～5°，地面标高为+650～+738 m，走向长度为730 m，开切眼长度为78 m，面积为65 553 km^2；煤层结构简单、层理分明，煤质坚硬，有玻璃光泽。该地段煤层埋藏较深，透气性较差；根据本工作面运输、回风顺槽掘进过程中收集的资料分析，采煤工作面无断层、褶曲、陷落柱等地质构造；煤体最大残余瓦斯含量为5.68 m^3/t，自燃倾向性等级为Ⅲ，自燃倾向性为不易自燃。工作面可采储量为219 668 t，工作面服务年限为7.5个月。

工作面详细位置及井上下关系、采煤工作面煤层情况、开采煤层顶底板情况、影响回采的其他因素见表9-1至表9-4。

表9-1 3101工作面位置及井上下关系表

工作面名称	3101综放面		采区名称		一采区
地面标高/m	+650～+738		井下标高/m		+470～+492
地面对应位置	该工作面对应地面位置为山地，平均盖山厚度为212 m左右，地表无建筑物和水体				
回采对地面设施的影响	工作面位于矿区中西部，地面无建筑及道路。复采3#煤层，地貌为侵蚀山地，以低山丘陵为主，无任何人工建筑物及道路设施				
井下位置及相邻关系	3101工作面范围大部分为原矿井上分层采空区，工作面北部为采区巷道，南部为采空区，西部为采空区，东部为复采区内的3102工作面				
走向长度/m	730	开切眼长度/m	78	面积/km^2	65 553

表9-2 3101工作面煤层情况

煤层厚度/m	6.56	煤层结构	简单	煤层倾角/(°)	2～5
开采煤层	3#	煤种	无烟煤	稳定程度	稳定
煤层情况描述	该地段煤层结构简单、层理分明，煤质坚硬，有玻璃光泽，倾角2°～5°。综放面巷道位于下分层，底板为2.18 m左右的深灰色、黑灰色泥岩，受力后极易底鼓。 该地段煤层埋藏较深，透气性较差。本工作面为综放工作面，机采高度为2 m，放顶高度为2.06 m				

表 9-3　3101 工作面煤层底板情况

岩石名称	柱状	硬度	厚度/m	特性描述
粉砂岩、砂质泥岩或泥岩				含大量黄铁矿结核
3# 煤		1～3	4.06	呈黑色，内夹 4～5 层矸石，有玻璃光泽
深灰色、黑灰色泥岩		2～3	2.18	含菱铁矿结核

表 9-4　3101 工作面影响回采的其他因素

瓦斯(CO_2)	矿井属高瓦斯矿井。该工作面地段为实体煤层，已对该工作面区域煤层进行了预抽。2018 年 1 月，中煤科工集团沈阳研究院有限公司对该工作面进行瓦斯抽采效果检验，经检测，煤体最大残余瓦斯含量为 5.68 m^3/t。由于工作面采用 U 形通风方式，在回采作业过程中要加强对上隅角瓦斯管理，防止瓦斯积聚
煤层爆炸指数	根据山西省煤矿设备安全技术检测中心提供的《沁和能源集团有限公司永安煤矿 3# 煤层鉴定报告》，煤尘爆炸火焰长度为 0，无爆炸性
煤层自燃倾向性	根据山西省煤矿设备安全技术检测中心提供的《沁和能源集团有限公司永安煤矿 3# 煤层鉴定报告》，自燃倾向性等级为Ⅲ，自燃倾向性为不易自燃
地温危害	不涉及
冲击地压	不涉及

9.2　采煤工作面开采方法及装备

9.2.1　回采方法

3# 煤旧采区域煤层赋存存在以下特点：

(1) 主要复采区域普遍采用以掘代采或巷柱式采煤法，主要沿煤层中部掘进，复采区内留有大量的顶煤、底煤及煤柱。

(2) 经现场调研可知，旧采区内的空区、空巷经长时间放置，大部分顶煤及煤帮出现小范围的冒顶及片帮，复采区内煤层赋存结构为空区、空巷、冒落区及煤柱并存。

3# 煤复采采煤方法的选择：3# 煤位于山西组下部，煤层厚度为 6.23～6.66 m，平均厚度为 6.43 m。煤层结构简单～复杂，含 1～4 层矸石，矸石成分多数为碳质泥岩或灰黑色泥岩。煤层直接顶为粉砂岩、砂质泥岩或泥岩，伪顶为碳质泥岩或泥岩；底板为砂质泥岩、泥岩、粉砂岩。煤层赋存稳定，为稳定的全区可采煤层。就厚煤层开采的方法而言，有分层开采、放顶煤开采、大采高开采 3 种工艺。

复采工艺虽为特殊开采工艺，但山西省多家煤矿，如莒山煤业、圣华煤业、大桥煤业等，均有成功复采的经验，以上矿井的复采情况与本矿较为相似，复采煤层厚度和相关顶底板条件也较为相似。以上矿井复采采煤方法采用的是综采放顶煤，故本次永安煤矿复采采用综采放顶煤。

3#煤复采采用综采放顶煤的采煤方法论证如下：

复采的区域内，既有永安煤矿开采的上分层，又有本矿的破坏区，复采区内存有大量情况不明的空巷，鉴于此，针对3#煤层旧采区地质条件及煤层的赋存特征，对3#煤复采采用综采放顶煤的采煤方法进行论证。

影响厚煤层采煤方法的主要因素有煤层厚度、煤层赋存稳定性、开采深度（地压的大小）、直接顶的岩性、煤层物理机械性质与结构、辅助运输、瓦斯和煤的自燃倾向性等，下面结合本矿3#煤层的具体条件分别对各个影响因素做详细分析。

9.2.1.1 煤层条件

煤层都不同程度含有地质弱面和构造，如层理、节理、裂隙、断层及褶曲等。这些弱面将严重削弱煤体的强度而增加煤体的变形性。对于放顶煤，煤层的节理裂隙发育程度影响顶煤的冒放性，节理越发育，对放顶煤越有利，但对大采高综采工艺来说，煤层的节理裂隙是不利因素，节理裂隙越发育，工作面发生片帮事故的概率越大。

根据现场工程技术人员的描述，由于3#煤层受到旧采采动影响，3#煤层遗留煤炭资源的节理、裂隙比较发育，同时3#煤层的坚固性系数小于1.2，煤质较软、较碎。因此，单从煤层节理、裂隙分析，3#煤层适合采用综采放顶煤开采。

9.2.1.2 煤层结构

3#煤层结构简单～复杂，含1～4层矸石。根据对旧采开采方式的分析，复采区域的煤层结构情况大体可分为三种：① 未被开采的实体煤层；② 煤层的结构为，中部为旧采遗留巷道，巷道之上有未冒落的顶煤；③ 煤层的结构为，旧采遗留巷道发生垮落，直接顶未发生垮落，空巷被垮落的顶煤充填。

通过对3#煤煤层结构分析，在永安煤矿的分层开采和复采区内存有大量空巷、采空区及破坏区的影响下，煤层结构较复杂。所以从煤层结构分析，3#煤层适宜采用综采放顶煤开采。

9.2.1.3 顶底板条件

煤层直接顶为粉砂岩、砂质泥岩或泥岩，伪顶为碳质泥岩或泥岩；底板为砂质泥岩、泥岩、粉砂岩。单纯考虑顶板因素，3#煤层采用放顶煤综采是合理的。

9.2.1.4 辅助运输

本矿现有开拓系统断面较小，无法满足大型设备的运输需求，如果改造，将会造成矿井停产，而且前期投资巨大。放顶煤设备较小、较轻，在现有开拓系统的基础上稍加改造即可满足要求，投资少、见效快。因而，从辅助运输这个角度考虑，永安煤矿适宜采用放顶煤采煤方法。

综合以上因素，综采放顶煤采煤方法目前在国内应用比较成熟，由于3#煤层厚度适中、节理裂隙发育、煤层结构复杂且煤质较软，所以采用放顶煤开采时，顶煤冒放性好，资源回收率高，所以使用综采放顶煤开采3#煤复采区，以实现安全高效生产。

9.2.2 采煤工艺

设计3#煤采煤机采用端头斜切进刀方式，单向割煤，液压支架及时支护顶板。工艺流程分为:割煤→移架→(返空刀)推前部刮板输送机→放顶煤(清煤)→拉后部刮板输送机。采煤工作面采高为 2.0 m,放顶煤高为 4.43 m,放煤方式采用单轮顺序放顶煤,采放比为1.0∶2.215。

采煤工作面作业方式采用“三八制”作业。考虑到复采时期采煤工作面顶板维护和设备检修工作量较大、耗时较长,设计采用边采边放的作业模式,即“两采一准”作业模式,每班工作 8 个小时,每班 6 刀,准备检修,采煤机截深为 0.60 m,日进度为 3.6 m。

9.2.3　工作面设备

(1) 3101 工作面主要设备见表 9-5。

表 9-5　3101 工作面主要采煤机械配备表

序号	设备名称	设备型号	功率/kW	单位	数量		
					使用	备用	合计
1	双滚筒采煤机	MG160/375-WD1	375	台	1		1
2	前部刮板输送机	SGZ-630/220	2×110	台	1		1
3	后部刮板输送机	SGZ-630/220	2×110	台	1		1
4	转载机	SGB620/40T	40	台	1		1
5	破碎机	PLM500	75	台	1		1
6	带式输送机	DSJ80/40	40	台	1		1
7	放顶煤液压支架	ZF6600/17.5/28		架	49	9	58
8	放顶煤过渡支架	ZFG6600/20/32		架	3	4	7
9	单体液压支柱	DZ25		根	200	40	240
10	π形钢梁	3 m		根	100	20	120
11	循环绞车	JWB-1.2/0.75	15	台	1		1
12	回柱绞车	JH-14	18.5	台	2		2
13	风泵			台	2	1	3
14	乳化液泵站	BRW200/31.5	125	台	1		1
15	喷雾泵站	BPW315/10M	75	台	1		1
16	探水钻机	ZDY-1200S	22	台	2		2

3101 工作面采用 MG160/375-WD1 型采煤机,该机装机功率为 375 kW,截割功率 2×160 kW,牵引功率为 55 kW,采用液压无级调速系统来控制采煤机牵引速度,适用于采高为 1.4～3.0 m,倾角不大于 35°,煤质中硬或中硬以下,含有少量夹矸的长壁式工作面。该采煤机的适用条件完全符合 3101 工作面的生产地质条件,与 SGZ630/220 型刮板输送机配套,适合用于 3101 综放工作面。

(2) MG160/375-WD1 型采煤机主要技术参数见表 9-6。

表 9-6　MG160/375-WD1 型采煤机主要技术参数

序号	名称	单位	数值	备注
1	采高	m	1.6～3.2	
2	截深	m	0.63	
3	滚筒直径	m	1.60	
4	牵引速度	m/min	0～6～10	
5	机面高度	mm	1 198	
6	牵引方式	齿轮-销轴电牵引		
7	功率	kW	375	
8	电压	V	1 140	
9	整机质量	t	20	
10	喷雾灭尘方式	内、外喷雾		
11	最大不可拆卸件尺寸	mm×mm×mm	2 256×907×442	

(3) SGZ630/220 型工作面前、后刮板输送机主要技术参数见表 9-7。

表 9-7　SGZ630/220 型工作面前、后刮板输送机主要技术参数

技术参数	单位	数值
输送量	t/h	450
链速	m/s	1.07
功率	kW	220/110
电压	V	1 140
链破断力	kN	610

(4) BRW200/31.5 型乳化液泵站主要技术参数见表 9-8。

表 9-8　乳化液泵站主要技术参数

序号	名称	单位	数值
1	公称压力	MPa	31.5
2	公称流量	L/min	200
3	电机功率	kW	125
4	卸载阀型号	WXF2A	
5	安全阀型号	WAF125/31.5A	
6	泵所配乳化箱型号	X10RX	
7	外形尺寸(泵带电机、底拖)	mm×mm×mm	2 050×832×1 070
8	质量(泵带电机、底拖)	kg	1 600

表 9-8(续)

序号	名称	单位	数值
9	安全阀出厂调定压力	MPa	34.7～36.2
10	卸载阀出厂调定压力	MPa	31.5
11	卸载阀恢复工作压力	卸载阀调定压力的 80%～90%	
12	工作介质	乳化液(含 5%乳化油的中性混合液)	

(5) 喷雾泵站主要技术参数见表 9-9。

表 9-9　喷雾泵站主要技术参数

型号	公称压力/MPa	公称流量/(L/min)	电动机			外形尺寸(长×宽×高)/(mm×mm×mm)
			功率/kW	转速/(r/min)	电压/V	
BPW315/10M	10	315	75	1 480	1 140	2 382×915×1 090

(6) 刮板输送机(转载机)主要技术参数见表 9-10。

表 9-10　刮板输送机(转载机)主要技术参数

型号	输送能力/(t/h)	输送长度/m	速度/(m/s)	宽度/mm	电机功率/kW	电压等级/V
SGB620/40T	400	120	1.0	620	40	380/660

(7) 低位放顶煤液压支架技术参数见表 9-11。

表 9-11　低位放顶煤液压支架技术参数

型号	支架性能								推移千斤顶		
	高度/m	中心距/mm	工作阻力/kN	初撑力/kN	支架强度/MPa	对底板比压/MPa	长×宽/(m×m)	质量/t	行程/mm	推溜力/kN	拉架力/kN
ZF6600/17.5/28	1.75～2.8	1 250	6 600	5 180	0.67	1.44	5.07×1.33	9.5	700	246	126

9.3　采煤工作面安全保障

9.3.1　复采安全技术方案

9.3.1.1　复采工作面过空巷综合处置技术

空巷根据与工作面开切眼的空间位置关系,可以分为:与工作面开切眼平行的空巷,称为平行空巷;与工作面开切眼垂直的空巷,称为垂直空巷;与工作面开切眼斜交的空巷,称为斜交空巷。

(1) 工作面过平行、斜交(小角度)空巷

① 支护方案

在残煤复采工作面推进过程中，在前方遇到与开切眼呈平行、斜交（小角度）状态的空巷，对该类空巷应先临时支护护顶，然后采用锚网支护并每间隔 4 m 加打一木垛，木垛间用 5 m 规格大板连锁，在回采过空巷过程中配合调斜开采。

② 技术措施

工作面过空巷时，支护材料如大板、锚杆等掉入刮板输送机时应及时取出。工作面过平行空巷时，要加强对工作面两顺槽的超前支护。复采工作面在过空巷时严禁机头、机尾同时推进到空巷内，应采用调斜开采的方法来避免一次性揭露的断面积过大。工作面推进一次，有 4～6 个支架与空巷沟通。随着工作面向前推进，煤壁变薄，易出现片帮、冒顶，此时应降低采煤机割煤速度，且实现超前移架。

如果工作面煤壁片帮严重，必须在煤壁处打护帮柱，防止因片帮而造成冒顶。过空巷时要对空巷设置风障，防止风流短路，同时在工作面和空巷设专职瓦斯检查员，对工作面和空巷的瓦斯浓度进行监测。

（2）工作面过垂直、斜交（大角度）空巷

① 支护方案

复采工作面在推进过程中遇到与开切眼呈垂直状态的空巷（也包含大角度斜交空巷），每次揭露的断面积较小，可对空巷采取平推正过的方式，采用单体支柱配合铰接顶梁支护。在老巷内支设两排悬浮式单体支柱，配 π 形顶梁加强支护，排距为 1.0 m，柱距为 1.0 m，支柱穿铁鞋，做到迎山有力。

② 技术措施

复采工作面揭露空巷前要将作业空间内清理干净并封闭，严禁任何人员进入空巷。利用每天检修班时间进行老巷支回工作，保证关门柱与工作面煤壁距离不大于 20 m。过空巷期间，严格控制采高，尽量缩小控顶距，减少煤壁片帮和顶板下沉量，支架必须移成一条直线。回撤空区内单体支柱时，及时把铁柱靴一并撤回，对在移架时造成歪斜的单体支柱要及时扶正。

（3）小规模超高水材料预充空巷

超高水材料预充空巷是近几年发展起来的一种新的充填方法，该方法利用超高水材料浆液良好的渗流性能胶结破碎围岩，使空巷围岩与充填固结体形成具有一定强度的整体支护结构，防止基本顶在空巷上方提前断裂，同时对空巷两帮提供有效支护，防止煤墙片帮现象发生。

超高水充填材料主要由 A、B 两种物料组成。A 料主要由铝土矿石膏等独立炼制并复合超缓凝分散剂构成，B 料由石膏、石灰与复合速凝剂构成。二者加水制成 A、B 两种浆体，以 1∶1 比例配合使用。固结体中水体积分数最高可达 97%，充填体抗压强度可达到 2.0 MPa。

因超高水材料价格昂贵，充填成本相对较高，故该方法不宜大范围使用，当复采工作面经探明遇到的空巷数量较少时才可使用。

9.3.1.2 复采工作面过空区综合处置技术

3# 煤复采区域原采用后退式、刷扩两帮的方式对煤炭资源进行回收，形成跨度较大、顶板完整的空区。根据空区与工作面开切眼的空间位置关系，可以将空区划分为：与工作面开切眼平行的空区，称为平行空区；与工作面开切眼垂直的空区，称为垂直空区；与工作面开切眼斜交的空区，称为斜交空区。

(1) 工作面过平行、小角度斜交空区

① 支护方案

复采工作面在推进过程中，前方遇到刷扩两帮形成的空区，且空区与开切眼呈平行或小角度斜交关系，对该类空区应先采用钢棚临时支护护顶，然后采用锚网支护并每间隔 4 m 加打一木垛，木垛间用 5 m 规格大板连锁。

② 技术措施

工作面过空区时，支护材料如大板、锚杆等掉入刮板输送机时应及时停机取出。工作面过平行空区时，要加强对工作面两顺槽的超前支护。复采工作面在过空区时严禁机头、机尾同时推进到空区内，应采用调斜开采的方法来避免一次性揭露的断面积过大。随着工作面向前推进，煤壁变薄，易出现片帮、冒顶现象，此时应降低采煤机割煤速度。由于空区断面较大，在过空区的过程中要做好顶板实时监测。如果工作面煤壁片帮严重，必须在煤壁处打护帮柱，防止因片帮而造成冒顶。过空区时要对空区设置风障，防止风流短路，同时在工作面和空区设专职瓦斯检查员，对工作面和空区的瓦斯浓度进行监测。

(2) 工作面过垂直、大角度斜交空区

① 支护方案

复采工作面在向前推进时，会遇到扩帮形成的空区，并与开切眼呈垂直关系。因每次揭露空区的断面相对较小，为顺利通过该类空区，采用单体支柱配合铰接顶梁进行超前支护。

② 技术措施

由于空区断面相对较大，要对空区顶板的支护状况进行实时监测，发现问题要及时处理。过垂直空巷时，根据揭露断面情况调整割煤高度。过空巷期间，控制采高，尽量缩小控顶距，减少煤壁片帮和顶板下沉量，支架必须移成一条直线。过空区前对所有工作面设备及胶带系统进行全面检查，发现问题及时处理，严禁设备带“病”运行。成立专门领导机构，过空区时有专门技术人员在现场指导作业。回撤空区内单体支柱时，及时把铁柱靴一并撤回，对于在移架时造成歪斜的单体柱要及时扶正。

9.3.1.3　复采工作面过冒落区综合处置技术

(1) 注浆充填法

为使复采工作面安全通过冒顶区，可以考虑进行注浆加固冒落区围岩、充填空顶区域，选择合适的注浆材料，分层次、分步骤注浆，提高冒顶区围岩稳定性。

(2) 工作面调斜法

如果工作面前方冒顶区域走向长度大且冒顶走向与工作面近于平行，若工作面平行推进，可能发生一次揭露冒顶区域过大，使得工作面上方出现大面积空顶、瓦斯超限等问题，严重威胁工作面安全生产。针对这种情况，从减小一次揭露冒顶区范围出发，选择工作面调斜方式通过冒顶区。

(3) 工作面另掘开切眼法

如果工作面前方冒顶区域长度大、采用充填技术费用高、处置冒顶技术极其复杂或可操作性不强，应考虑采取转移工作面，另掘开切眼绕过冒顶区。

沿煤壁重新掘开切眼，绕过冒顶区，要从冒顶区下部向上部掘进开切眼，靠冒顶区一侧用板皮背严或留小煤柱，防止矸石流入新开切眼。

9.3.2 复采安全技术规范

9.3.2.1 通风管理方面

(1) 回采过程中揭露的空巷(区),必须严格进行空巷(区)与工作面的风量管理、瓦斯管理。只有在空巷(区)内风流稳定,瓦斯浓度在《煤矿安全规程》规定的允许范围之内,方可作业。

(2) 按规定对回收作业点进行瓦斯检查,严格执行"一班三检"制度,只有瓦斯浓度保持在1.0%以下方可作业。如遇瓦斯超限必须立即停止作业,撤出人员,进行处理。

(3) 严格执行停送电制度,停送电时必须履行严格的手续,并由调度室严格按规定做好记录。

(4) 施工中要加强机电设备的管理,严格执行机电管理制度,杜绝失爆。

(5) 过空巷(区)时设置风障,防止风流短路,同时在工作面和空巷(区)设专职瓦斯检查员,对工作面和空巷(区)的瓦斯浓度进行监测,一旦出现瓦斯超限的情况,立即通知撤人,采取必要的有效措施后方可进行作业。

(6) 保持风流的风门、风墙、风窗等设施安全可靠。

(7) 加强对巷道维修及采面上下出口、两巷动压区的支护管理,保证其断面满足最大风量的需要。

(8) 采取有效措施及时处理局部积存的瓦斯,特别是采煤工作面上隅角等地点,应加强检测与处理。

(9) 复采工作面投产后,通风科要根据实际瓦斯涌出量,重新核定风量,做到以风定产,严禁超通风能力生产。

(10) 随着复采工作面的不断推进,通风科要及时调整通风系统,保证工作面的实际需风量。

(11) 各种仪器仪表必须配备齐全,加强对瓦斯、粉尘、温度等参数的监测,所有数据必须与上级部门监控系统实现联网通信;随时对井下环境进行监测巡查,发现问题及时处理,实行全方位在线监测。

9.3.2.2 顶板管理方面

(1) 工作面过空区空巷安全技术措施

① 在距平行工作面的空巷(区)3～5 m时,应适当减小工作面采高,防止支架压死(保证支架前柱有500 mm伸缩量),最大限度减小支架对空巷顶锚网支护的破坏。

② 当工作面过平行空巷(区)时,严禁机头、机尾同时推进到空巷内部。必须预先将工作面最大限度地调整为伪斜,使工作面逐段通过空巷(区)。

③ 工作面推进至空巷(区)与顺槽相交处前,必须提高对三岔门支护的质量,及时补支单体支柱进行加强支护。

④ 当工作面接近空巷(区)时,煤壁逐渐变薄,易出现片帮、冒顶,应降低采煤机割煤速度,且割煤前必须提前完成支架超前移架。如果空巷(区)处煤体垮落,必须用坑木将空巷空顶处填满,支护顶板。

⑤ 杜绝挖伞檐,防止因冒顶和片帮而造成的工伤事故。工作时必须严格执行敲帮问顶

制度，班长、值班管理人员加强对工作面的巡查，及时纠正各种违章行为。

⑥ 工作面过平行空巷（区）内侧煤壁，且空巷（区）中存在锚杆段时，采煤机须停机，同时闭锁工作面刮板输送机，在临时支护护顶的前提下，人员进入煤壁取锚杆。

⑦ 工作面与空巷（区）割通后，要合理安排和组织好生产，不得停班，尽快推过空巷（区），以防顶板来压造成移架困难。

⑧ 撤除支护时，空巷（区）内要保证退路畅通，撤出的支护材料应及时运到指定地点，不准堆放在回收区域。

⑨ 撤除或回收作业时，作业地点前后 5 m 范围内要设好警戒，禁止无关人员进入工作区域。

⑩ 复采工作面过空巷（区）时，回收内部超前支护单体支柱的安全技术措施如下：当班队长、安全员必须现场指挥单体液压支柱的回撤；回撤前，必须将采煤机移离空巷，距空巷距离不得小于 5 m；停止采煤机后，必须对前刮板输送机停机并闭锁，由专人值守，回撤支柱工作未结束，任何人不得开动刮板输送机；回撤支柱工作由工作面队长指派专人进行，人员在进入旧巷前，必须由安全员对旧巷和工作面交岔点的片帮隐患进行处理，并确保工作面液压支架有效地控制旧巷和工作面交岔处的顶板；支护工在回撤支柱过程中，必须严格执行"一人扶柱，一人卸液，队长、安全员要现场观察顶板情况"的规定，严禁单人作业，严禁在无监护的情况下进行作业；每次回撤支柱的长度不得超过 1.2 m，并执行"由外向里，先支后撤，先加密后撤除"的规定；撤除支柱整个工作结束后，由工作面队长下达恢复采煤工作的命令。

⑪ 过空巷期间必须加强工作面支护质量管理，严禁出现歪梁、斜柱、支架不直现象。

(2) 处理片帮、冒顶措施

① 采煤工作面发生支架梁端冒顶时，现场人员要冷静，处理问题要果断，要立即停止工作面其他工作，迅速把冒落区维护好。

② 要及时停止采煤机、运输机，并闭锁，不经作业人员同意不得开机。

③ 当采煤机在冒顶地段 10 m 以内时，采煤机必须停电、闭锁、摘刀，并将采煤机开关停电闭锁。

④ 根据现场情况，备齐工具，备足支护材料。

⑤ 所有人员必须服从统一指挥。

⑥ 待顶板稳定后，应从冒落区上下两侧的支架开始加固，采用木垛接顶、架顺山棚配合走向梁的方法控制顶板。

⑦ 材料必须用 ϕ16 cm 以上的圆木，长度不低于 1.5 m，支设单体支柱两根，顶在所架木垛两端 500 mm 处，单体支柱另一端必须顶在齿轨销排上；送液时必须采用 10 m 高压管连接，进行远距离操作。

⑧ 架顺山棚必须用 ϕ20 cm 以上圆木，平行于支架梁端，棚距为 0.3～0.6 m，顶部用铁丝网、背木刹严，架顺山棚的临时支护必须保证一梁两柱。顺山棚架好后，每台处理冒顶的支架下方，用 2 根 4 m π 形梁挑住所架顺山棚，一梁三柱；然后去掉顺山棚临时支护的支柱，以利于采煤机通过。

⑨ 在处理冒落区顶板时，要安排有经验的老工人观顶。观顶人要注意力集中，随时注意顶板及煤壁的情况，发现问题及时通知作业人员撤离或处理。

⑩ 人员进入煤壁侧作业前，要清理好退路，戳掉可能掉落的煤与矸石。

⑪ 在架棚或支设木垛时，需要多人配合作业。所有人员必须听从指挥，动作要迅速，升柱、扶柱、架棚人员要分工明确，各负其责，尽快完成架棚，缩短施工时间。

⑫ 所有的梁和木料要根据需要确定长短，架设的梁与木料必须能够控制住冒落区的边缘，所有支柱及贴帮腿都必须打在实底上，且牢固可靠。

⑬ 工作面出现漏顶现象以后，要将液压支架前柱升高，后柱降低，然后关闭工作面“三机”设备，并进行闭锁，在漏顶范围内打设钢钎，并在打钢钎处挂上铁丝网，然后稍收回前掩护梁，在掩护梁原先支护区打好木梁和单体液压支柱，确保每根木梁下面不少于两根液压支柱，液压支柱要设置防倒，前伸掩护梁使木梁被掩护梁托起，最后去掉单体液压支柱。采煤机进行割煤作业时应当适当减小截割深度，并且要注意滚筒截高，严禁割到钢钎。

⑭ 要仔细探测冒落区范围及原因，采面推进至距冒落区 30 m 前，先将过冒落区需用的支护材料准备到位，备齐 10 根单体支柱，4 m 长 π 形梁 10 根，铰接梁 10 根，两巷采空区处及动压超前支护按措施要求支设齐全，现场由班组长统一指挥。

⑮ 处理漏冒顶前先清理好退路，处理冒顶人员站在冒顶地点相邻支架下挑棚勾顶，控制顶板，待冒落区域顶板已控制住后，方可开刮板输送机并及时移架，缩小控顶面积。若漏矸严重，严禁强行开刮板输送机，矸石块大时，要先处理，以免拉断刮板链和顶坏设备。

⑯ 在遇到冒落体顶板破碎时，应在工作面煤壁松散段的支架顶梁与煤壁的交接处用 MQS-50/1.7 型风钻打眼，眼孔在垂直于工作面煤壁方向上上仰 10°～15°，眼深为 3 m，眼孔直径为 35 mm，每个支架前方打眼 2 个，眼间距为 0.75 m。拔出钻杆后，及时将钢钎插入以控制顶板破碎煤矸，必要时加挂铁丝网。插入钢钎后，支架略降挑住钢钎(或收回支架伸缩梁)至适合位置(支架顶梁前端与钢钎尾部保持 5 cm 左右距离)，再前移支架(或伸出缩梁)，托住钢钎后升起支架至采高要求高度。钢钎采用 ϕ28 mm 的圆钢制作，长度为 3 m，钢钎穿入煤壁后外露长度以支架前移后能插入顶梁 10～20 cm 为宜，并在顶梁与钢钎之间垫设 10 cm 厚的木板料，以保证支架前移时顶梁与伸缩梁的错节不致顶住钢钎尾部而导致将钢钎顶弯。每个支架上穿设两根钢钎(即间距约 75 cm)。每穿设一次钢钎，工作面可以推进 4～5 刀，即保持钢钎留设于煤壁内的部分不小于一刀的进度(0.6 m)，然后重新穿设钢钎，如此循序渐进。要注意的是，在穿设钢钎的作业过程中要闭锁工作面采煤机和刮板输送机，处理掉煤壁的活煤活矸，支设好背帮柱和临时护身柱，确保作业安全。

⑰ 顶板破碎压力大时，要坚持先维护顶板后移架。在两组支架间的煤墙侧用单体支柱配合圆木或半圆木架顺山棚刹顶；支架移过托住顺山棚后，再移相邻支架。割煤前摘掉贴帮单体支柱。

9.3.2.3 加强超前支护

采用单体支柱配合铰接顶梁进行超前支护。超前支护的距离不小于 30 m。根据采煤工作面端头顶板压力情况加强超前支护。

9.3.2.4 防火措施

(1) 外因火灾防治措施

① 消灭一切外因火源，机电设备包机到人，责任到人，杜绝电器失爆。

② 工作面运输巷、回风巷所有电器开关必须上架，与煤墙之间放置隔绝材料，禁止在电气设备周围堆放可燃物料。

③ 加强对设备维护、保养，及时添加和更换润滑油，防止机械摩擦生热，电机、减速器处要经常清理周围的浮煤，保持良好的散热环境。

④ 当发生火灾时，现场人员要保持冷静，准确判断火势的大小和范围，采取有效的灭火方法，控制火势，扑灭火源。若无法扑灭和控制火势时，要立即组织人员按避灾路线撤离火区，并及时报告调度室。

⑤ 当发生电气设备着火时，必须先切断电源，再进行灭火。在未切断电源的情况下，只能用不导电的灭火材料灭火。

⑥ 用水灭火时，要有足够的水源，水流应从火区外缘向中心喷射，禁止直接用水喷射高温火源中心，防止产生水煤气爆炸和蒸汽伤人。

⑦ 灭火期间必须有专人负责对瓦斯、一氧化碳及其他有毒气体浓度检测，采取可靠的防止瓦斯、煤尘爆炸和人员中毒的措施。

⑧ 各带式输送机机头前后 20 m 范围内必须用不燃性材料支护。

⑨ 工作面回采结束后，必须在 45 d 内进行永久性封闭。

(2) 内因火灾防治措施

① 加强采煤高度治理，提高回采速度及采出率，减少浮煤损失，采煤工作面不得留有设计或规程、措施允许外的煤皮和煤柱。采煤面必须实行后退式开采，严禁前进式开采。

② 严格控制掘进工程质量，消除煤巷掘进时出现的高冒区。消除高冒区时，必须用不燃材料接顶。必要时设置引风板，以利散热和吹散瓦斯，或封堵密闭。对全部高冒点实行编号治理。

③ 实行严格的漏风管理。

④ 井下各采掘工作面均要根据规定配备消防水龙头。

⑤ 加强预报工作，配备足够的仪器仪表及人员，加强管理，准确把握自然发火动向，超前实施措施处理。

⑥ 定期检查各煤层采空区火墙外的空气温度、瓦斯浓度、防火墙内外的空气压差以及防火墙体，发现封闭不严或有密闭墙出现裂隙或火区有特别变化时，必须采取措施处理。

9.3.2.5 瓦斯防治措施

(1) 工作面必须安装瓦斯自动监测断电报警装置。

(2) 严格按《煤矿安全规程》规定携带便携式瓦斯监测仪，随时随地检查瓦斯浓度；如局部瓦斯超限，要及时处理。

(3) 采煤机必须设置瓦斯监测仪，当浓度达到 1.0%时，自动切断电源。

(4) 严禁乱动电气设备的保护装置和瓦斯断电仪，更不准将瓦斯探头埋住或堵塞，一经发现要严肃处理。

(5) 当工作面回风巷回风流中瓦斯浓度达到 1.0%时，或工作面风流及上隅角瓦斯浓度达到 1.0%时，必须停止工作，撤出人员，切断电源，进行处理。

(6) 空巷内必须 24 小时悬挂便携式瓦斯报警仪，随时监测瓦斯浓度。

(7) 排放瓦斯时，回采巷道内的电气设备严禁送电，所有人员严禁进入排放风流流经的回风巷道。

9.3.2.6 综合防尘措施

(1) 采煤机的内外喷雾必须完好，内喷雾压力不小于 2 MPa，外喷雾压力不小于 4 MPa。

割(放)煤前必须先开喷雾,水压低或喷雾效果不好时,不准割(放)煤。

(2) 工作面支架都设有喷雾装置,运输巷、回风巷距工作面 50 m、20 m 各安装一道水幕,随工作面推进移动,必须保证效果良好。

(3) 各转载点必须安设有喷雾,必须做到开机先开喷雾,洒水及水幕装置由静压水管路系统供水。

(4) 采煤队必须设置人员对电气设备及电缆、支架、管线定期清扫。工作面运输巷、回风巷每天洗尘一次,工作面运输巷、回风巷距采煤工作面 20 m 范围内的巷道及工作面必须每班洗尘一次。

(5) 作业人员作业时要佩戴好防尘口罩,减少吸入的煤尘,做好个体防护。

(6) 通风科定期检测工作面的煤尘含量,并及时向有关领导汇报。

9.3.2.7 其他安全技术措施

(1) 成立负责过空巷(区)的领导小组,协调各部门、科室之间的相互配合,及时研究解决过空巷(区)时遇到的问题,确保工作面回采顺利进行。

(2) 过空巷(区)前要对设备进行全面检查,发现问题及时解决,要保证电气设备及电缆完好,严禁设备带病运行。

(3) 正常情况下,非施工人员严禁进入空巷(区),生产时要严禁任何人进入。

(4) 人员进入机道前,必须将采煤机停掉,并停电闭锁,悬挂“有人施工、禁止合闸”的警示牌。

(5) 人员在进行空巷(区)内支设木垛时,严格执行“由外向里,由机头向机尾”的顺序,严禁超范围同时作业。

(6) 支设木垛时,提前使用单体液压支柱丛柱的形式来控制顶板。

(7) 人员在进行作业时,必须有跟班领导、队长、安全员、瓦检员现场监督各类情况,发现异常情况时及时撤出人员。

(8) 矿井破碎机采用 PCM-110 型,自移式,机头、机尾驱动部的行人检修距离不小于 1 m。

9.4 工作面回采实例

通过实施一系列的回采安全保障技术措施,确保了安全回采作业,保障了回采进度。最终,试验工作面的回采速度约为 3 m/d。

9.4.1 回采中遇到的问题及解决方法

在试验工作面的回采作业中,主要遇到了煤壁片帮、揭露空区空巷、移架和搬家等方面问题。

9.4.1.1 煤壁片帮

存在问题:回采过程中,因空区或者空巷的存在,部分区域煤帮松软,采煤机割煤后,容易造成片帮现象。

解决方法:一般片帮情况下,采煤机割煤后,追机移架,减小空顶范围,确保回采安全;严重片帮情况下,降低采高(中分层存在空区),采煤机割煤后,顶煤或顶矸随割煤的进行沿空顶口溜煤(部分液压支架无护帮板),或者从顶板较好地段的支架前架设木梁进行护帮挡矸,确保顶煤或顶矸不再外溜,及时移架支护,确保回采安全。

9.4.1.2　揭露空区空巷

存在问题:采煤机割煤后,揭露未垮落空区。

解决方法:通过打钢钎超前支护顶板,确保回采安全。

9.4.1.3　移架不直

存在问题:煤壁溜煤时,因溜煤角度不一,需要及时移架支护,故支架存在不直现象,导致采煤机割煤不直,后期搬家期间可能需要调斜;支架不直,后刮板输送机(放顶煤)一般也不直,存在煤质问题,例如放的煤不在后刮板输送机上,或放的是矸石等。

解决方法:及时为每架液压支架安装护帮板,精准计算伸缩梁和护帮板的最大支护范围,及时移架,确保回采安全。

9.4.1.4　搬家通道管控

存在问题:搬家期间,可能遇到中分层空区,或者压酥煤体较多,影响回撤通道稳定。

解决方法:割底矸,尽量避免出现中分层空区,通过上双网、架定梁、支木垛等方法确保支护安全。

9.4.2　施工方案及安全技术措施

9.4.2.1　3103综放面处理架前漏顶安全技术措施

3103综放面由于是复采工作面,所以在回采过程中会遇到架前漏顶现象,为确保回采期间安全,特制定本安全技术措施。

(1) 施工方法

① 工作面架前出现漏顶时必须及时将采煤机停机、将滚筒落地,拔出截割部离合器停电闭锁,并将刮板输送机停电闭锁,人员撤离至安全地点。

② 对漏顶地段的支架超前移架,并将支架升紧,伸缩梁、翻转梁伸出护顶,控制漏顶范围,不使其进一步扩大。

③ 待漏顶范围得到控制后,发出开机信号,确认无危险后方可接通电源开启前部刮板输送机,将刮板输送机上的煤渣拉空,再将漏顶段液压支架翻转梁收回。该段完全停止冒落后,再将刮板输送机停电闭锁,安排专人看管。

④ 进入煤壁侧作业前,严格执行敲帮问顶制度,戳掉可能掉落的煤与矸石,清理好退路,保证视线清晰,保证该段顶帮完全稳定后,方可进行作业,并且有专人观测顶帮情况,且不得有其他作业干扰(破矸杂声)。

⑤ 进入煤壁侧作业人员不得超过3人,采取打钢钎、支架前梁穿圆木等方法控制顶板。在工作面煤壁松散段的支架顶梁与煤壁的交接处用风钻打眼,眼孔在垂直于工作面煤壁方向上上仰10°～15°,眼深为3 m,眼孔直径为35 mm。每个支架前方根据现场实际情况进行打眼(间距不小于30 cm),拔出钻杆后,及时将钢钎插入。钢钎采用直径30 mm的圆钢制作,长度为3.5 m。插入钢钎后在顶梁与钢钎之间铺设铁丝网,垫设12～16 cm厚的圆木(根据实际情况选择合适长度圆木),然后将液压支架前梁降低,将该段液压支架翻转梁收回,使用长不小于3 m、直径不小于16 cm的木梁,横向搭设在翻转梁上,并将翻转梁伸出打

紧。作业时人员要站在有翻转梁的支架前梁下进行操作，且操作人员身体部位不得超出梁头至空顶范围。每穿设一次钢钎，工作面可以推进3～4个循环，即保持钢钎留设于煤壁内的部分不小于一个循环的进度(0.6 m)，然后重新穿设钢钎，错步前移一次π形钢梁，工作面可以推进3个循环，如此循序渐进。

⑥ 漏顶范围维护完毕确认安全后，方可开机作业。开机前必须巡视采煤机四周，发出预警信号，确认人员无危险后方可通电。

⑦ 开启前部刮板输送机后，将漏顶段液压支架伸缩梁、翻转梁打紧，待刮板输送机上的煤渣拉空后方可开启采煤机。采煤机割至漏顶段时，再重新将该段支架伸缩梁、翻转梁打紧。采煤机割过该段后，及时跟机移架，并将支架伸缩梁、翻转梁伸出打紧。

(2) 安全风险源辨识及安全技术措施

依据《安全风险分级管控年度辨识报告》评估成果，以及采用工作任务分析法进行风险辨识评估，具体如下。

① 风险清单如下：

a. 瓦斯(风险等级：一般风险)。停电停风或通风设施不可靠可能造成风流短路，造成瓦斯积聚；未按规定检查瓦斯，可能造成瓦斯超限作业。

b. 顶板、煤帮(风险等级：一般风险)。未按规定处理架前漏顶隐患时，可能造成漏顶伤人；未严格执行敲帮问顶制度，可能造成漏顶伤人；作业时未按规定站在翻转梁的支架前梁下进行操作，可能造成矸石窜出伤人。

c. 机械(风险等级：一般风险)。未按规定发出信号开启刮板输送机，可能造成人员挤伤；发送启动信号不清楚或错误，误启动可能造成设备损坏、人员伤害；采煤机、刮板输送机未停电闭锁、挂牌，设备误启动运行，可能造成人员伤害；液压支架误操作，可能造成人员伤害；使用风镐破碎矸石时，未按规定进行操作，可能造成人员伤害；使用风钻打眼时，未按规定进行操作，可能造成人员伤害。

d. 其他(风险等级：一般风险)。未及时清理作业地点浮煤和杂物，可能造成人员伤害；未明确监管负责人，可能造成人员乱操作，不能保证安全；人员操作不规范，可能造成人身伤害。

② 针对以上风险辨识和评估结果，制定安全技术措施如下：

a. 作业人员要认真学习本安全技术措施，必须做到了解本次作业所处的环境和需注意的安全事项及本人在作业中的工作内容，然后方可上岗。

b. 所有作业人员必须熟知本措施及各种避灾线路，物料要码放整齐，保证退路畅通。

c. 作业地点严格按照《安全生产管理办法》明确现场监管负责人，做好作业人员的自保、互保、联保工作。

d. 安全员要把好当班安全关，并负责严格监督措施的实施。

e. 施工前，必须严格执行现场安全确认制度和联合顶板鉴定制度，确认安全无隐患并签字后方可作业。

f. 瓦检员要严格检查作业地点前后20 m范围内巷道及瓦斯易积聚地点的瓦斯浓度和CO_2浓度，浓度超限严禁作业。

g. 作业前检查作业地点前后20 m范围内支护情况，发现问题及时处理后方可施工；保持施工地点内无杂物，确保安全出口畅通。

h. 严格执行谁停电谁送电制度。出现漏顶现象及时将采煤机、刮板输送机停电闭锁，由当班采煤机司机、刮板输送机司机负责看管。

i. 出现漏顶现象移架工及时将漏顶段液压支架超前移架，控制漏顶范围。

j. 使用风镐破碎大块矸石时，严禁操作人员进入刮板输送机内进行破碎作业。

k. 严格执行敲帮问顶制度，对架前漏顶段的活矸、活煤及时进行处理。作业时人员要站在漏顶段上山侧进行操作，由当班移架工负责处理。

l. 当班班组长或跟班队长负责检查顶帮安全情况，确认安全后方可安排专人进入煤壁侧采取架木垛方法进行顶板维护。

m. 搬运圆木跨刮板输送机出入时，由两名支护工配合作业。

n. 作业时人员要站在伸缩梁、翻转梁伸出的支架下进行操作，且操作人员身体部位不得超出梁头至空顶范围，严禁空顶作业。要随时观察顶帮情况，不可在相邻支架前顶梁架间空隙范围内行走作业，防止架间漏矸伤人。

o. 移架后，移架工及时将液压支架伸缩梁、翻转梁伸出打紧。操作时必须规范作业，防止误操作造成人员伤害。

p. 工作面漏顶段维护后方可开机作业，送电前必须由当班瓦检员检查作业地点瓦斯浓度，不得超过 0.5%，否则严禁开机。

q. 所有安全集控通信装置等设施必须完好，一切准备就绪后由采煤机司机、刮板输送机司机发出预警信号，确认无危险后接通电源送电。

r. 采煤机割过漏顶段后，及时跟机移架，将支架伸缩梁、翻转梁伸出打紧，防止出现二次冒落。

s. 工作面一旦出现通风（瓦斯）、顶板等异常情况，必须立即停止作业，撤出所有人员，并上报调度指挥中心。

9.4.2.2　3103 综放面过旧巷施工方案及安全技术措施

3103 综放面距停采线还剩 28 m，沿工作面推进方向前方约 20 m 处有一条与工作面开切眼平行的旧巷（3103 回风顺槽往原 3104 运输顺槽联络巷），为确保工作面安全通过此巷道，特制定本安全技术措施。

（1）旧巷概况

该旧巷为原 3104 运输顺槽联络巷，该联络巷长 33 m，现采用单体支柱配 3 m 木梁，一梁四柱支护。

（2）准备工作

① 施工前首先检查瓦斯浓度与其他有毒有害气体浓度，保证作业地点瓦斯浓度与其他有毒有害气体浓度符合规定，保证风量达到要求，然后方可继续作业。

② 必须保证回风顺槽不小于 50 m 超前支护支设到位，50 m 范围内必须备用一定数量的支护材料及常用的设备配件，以备急用。各种材料、配件应分类挂牌，码放整齐。

③ 必须保证单体液压支柱初撑力符合要求，保证支护有效。

④ 认真做好矿压观测工作，记录清楚相关数据，及时准确地掌握工作面的矿压分布和来压状况。

⑤ 工作面回采期间，在联络巷口设置栅栏，悬挂警示牌，严禁任何人进入联络巷。

（3）施工方法

① 采煤机通过联络巷时必须降低牵引速度，前滚筒割过后，立即伸出伸缩梁和翻转梁超前支护暴露的顶板。

② 过联络巷时，移架工移架时不落前柱，并保证前梁时刻接顶，始终保持最小空顶距。初撑力不得低于 22 MPa，后柱升起高度低于前柱 100 mm。

③ 待采煤机割过联络巷后，前部刮板输送机、采煤机及时停电闭锁，然后由上往下回撤联络巷内靠近工作面 600 mm 内的单体液压支柱。

④ 回撤一个循环单体液压支柱后，送电开机继续作业，直至安全通过此巷道。

(4) 安全风险源辨识及安全技术措施

依据《安全风险分级管控年度辨识报告》评估成果，以及采用工作任务分析法进行风险辨识评估，具体如下。

① 风险清单如下：

a. 瓦斯(风险等级：一般风险)。停电停风或通风设施不可靠风流短路，可能造成瓦斯积聚；未按规定检查瓦斯，可能造成瓦斯超限后继续作业。

b. 顶板、煤帮(风险等级：一般风险)。工作面顶底板不平，致使支架不稳、倾斜，接顶不实，可能发生顶板事故。支护质量不合格，不能有效支护顶板，可能造成顶板破碎冒落伤人。处理顶板隐患时未严格按措施进行，可能造成局部冒落伤人。

c. 机械(风险等级：一般风险)。发送启动信号不清楚或错误，误启动可能造成设备损坏、人员伤害风险；误操作液压支架，可能造成人员伤害。

d. 其他(风险等级：一般风险)。未及时清理作业地点浮煤、杂物，可能造成人员伤害；人员操作不规范，可能造成人身伤害。

② 针对以上风险辨识和评估结果，制定安全技术措施如下：

a. 作业人员要认真学习本安全技术措施，必须做到了解本次作业所处的环境和需注意的安全事项及本人在作业中的工作内容，然后方可上岗。

b. 所有作业人员必须熟知本措施及各种避灾线路，物料要码放整齐，保证退路畅通。

c. 作业地点严格按照《安全生产管理办法》明确现场监管负责人，做好作业人员的自保、互保、联保工作。

d. 安全员要把好当班安全关，并负责严格监督措施的实施。

e. 施工前，必须严格执行现场安全确认制度和联合顶板鉴定制度，确认安全无隐患并签字后方可作业。

f. 瓦检员要严格检查联络巷及作业地点 20 m 范围内巷道的瓦斯浓度和 CO_2浓度，浓度超限严禁作业。

g. 作业前检查联络巷及作业地点前后 20 m 支护情况，发现问题及时处理后方可施工；保持施工地点内无杂物，确保安全出口畅通。

h. 作业前首先要由班组长或跟班队长指派有经验的老工人对作业地点进行敲帮问顶，清理掉活矸、活煤，只有确认无危险后方可作业。

i. 单体液压支柱支设好之后必须及时挂防倒绳，严禁使用失效的单体液压支柱。使用DW31.5-250/100X 型单体液压支柱必须做到额定初撑力不低于 90 kN(11.5 MPa)，初撑力不足的单体液压支柱必须及时更换。单体液压支柱手柄朝向巷道出口方向，注液口朝巷道里。

j. 要安排有经验的老工人观察顶板，观顶人要注意力集中，随时注意顶板及煤壁的动静，发现问题及时通知作业人员撤离或处理。

k. 作业时，站位要合理，并清理好退路，戳掉可能掉落的煤与矸石。

l. 工作面回采期间要在联络巷口处设置栅栏，悬挂警示标识，禁止人员入内。

m. 回撤作业时，严禁任何人操作液压支架。

n. 过联络巷期间，要加强工作面的生产组织和工序管理，强化支架初撑力、端面距、歪斜度、仰俯角等方面的管理工作，严格执行工程质量评估制度，做到支架接顶严实、护帮有效，确保工作面顺利通过。

o. 进入作业地点，跟班队长、安全员、瓦斯检查员、班组长等先进入工作地点，检查瓦斯浓度是否超限，顶板受压变化情况，严格执行顶板三人联合鉴定制度，检查煤壁有无片帮隐患，支架是否完好，安全通道是否畅通，并填写安全确认记录和顶板巡查记录。允许作业后，其他人员方可进入作业地点。

p. 随时监测矿井瓦斯浓度及工作面矿山压力的变化情况，发现异常，立即汇报，通知井下人员进行处理。

q. 严禁任何人违章作业、违章指挥、违反劳动纪律。

r. 安全员、瓦检员、跟班队长必须现场交接班，交接班时，要交接清现场存在的安全隐患和处理方法。

s. 如若人员需要跨越工作面前部刮板输送机进出回风顺槽，必须停电闭锁。

t. 巷道内的材料要堆放整齐；浮煤要清理干净，抓好现场文明生产工作。

u. 工作面一旦出现通风(瓦斯)、顶板等方面异常情况，必须立即停止作业、撤出所有人员，并上报调度指挥中心。

9.4.2.3　3103综放面松动爆破施工方案及安全技术措施

3103综放面进入末采阶段，由于受矸石影响，无法正常推进，矿调度会决定对3103综放面进行松动爆破。为确保作业期间安全，特制定本安全技术措施。

(1) 施工方法

使用ZQS-50/1.8S型手持式帮锚杆钻机在工作面未采动区斜向上在垂直于煤壁方向上凿孔布置炮眼，装填三级煤矿许用乳化炸药，使用煤矿许用毫秒延期雷管，采用串联方式爆破，每次爆破长度不大于20 m。

炮眼布置：炮眼口距底板高约为2.0 m，仰角为60°～70°，炮眼深为3 m，炮眼间距为1.5 m。根据现场煤质情况，可适当调整炮眼间排距。

① 准备工作

a. 在煤壁前或刮板输送机内作业前，首先使支架前探梁顶紧煤帮，然后停采煤机并闭锁采煤机及工作面刮板输送机，并由班组长安排专人看守，未经班组长同意严禁任何人擅自送电。

b. 进行敲帮问顶，敲帮问顶作业地点前后10 m范围内的支架必须升紧，由班组长安排移架工看守，严禁任何人操作。

c. 必要时，搭设操作平台保证打孔方便，平台要铺设平整牢固。

d. 工作面要有防尘水管，并每隔一定距离(不大于50 m)留设一个三通接口(以备另接洒水支管爆破前后洒水使用)；另外松动爆破期间分别在3103运输顺槽、3103辅助进风巷备用不少于2个CO_2灭火器和0.5 m^3的消防砂。

② 检查瓦斯

a. 瓦检员必须检查工作面运输顺槽使用中的电气设备附近20 m范围内、工作面及打眼爆破地点、刮板输送机底部、回风顺槽的瓦斯和二氧化碳浓度，并挂牌管理，瓦斯浓度超过规定，严禁任何作业人员进入作业，当班安全员负责监督。

b. 工作面及其他工作地点风流中的瓦斯浓度达到1.0%时，必须立即停止打眼；爆破地点附近20 m内风流中瓦斯浓度达到1.0%时，严禁装药爆破。工作面及其他工作地点风流中、电器设备及其开关附近20 m内风流中瓦斯浓度达到1.0%时，必须停止作业，切断电源，撤出人员进行处理。对因瓦斯浓度超过规定而被切断电源的电气设备，在瓦斯浓度降到1.0%时，方可恢复送电（瓦斯超限撤人、停电停风撤人由瓦检员和班组长负责，跟班矿领导负责监督）。

c. 瓦检员每班至少检查3次瓦斯和二氧化碳的浓度。如发现瓦斯或二氧化碳涌出量增大、变化异常，瓦检员应立即向调度室及跟班矿领导汇报，加强对异常区域内的瓦斯和二氧化碳浓度检查。

d. 瓦检员必须执行瓦斯巡回检查制度和请示报告制度，并认真填写瓦斯检查班报，每次检查结果必须记入瓦斯检查班报手册和检查地点的记录牌上，并告知现场工作人员。瓦斯浓度超过规定时，瓦检员必须责令现场人员立即停止作业并撤出人员到安全地点，且现场作业的人员都有权对瓦检员进行监督，发现空班漏检、假检、弄虚作假等现象，有权停止作业，汇报给跟班矿领导，严肃处理，当班班组长负责监督。

③ 打眼

a. 打眼前，必须停止采煤机、刮板输送机并闭锁，并由班组长安排专人看守，未经班组长允许任何人不得擅自送电。

b. 打眼必须在距采煤机大于6 m的地点进行作业，打眼工必须穿戴整齐、持证上岗。打眼时，打眼工必须站在支架下方、顶帮无隐患的地点进行作业。打眼工在打眼时由安全员负责监护。

④ 装药、连线、爆破

a. 炸药使用不低于三级的煤矿许用乳化炸药，雷管使用煤矿许用毫秒延期雷管。每眼每次装药量为1.2 kg；眼深超过3 m，封泥长度不小于1.0 m，必须用双向水炮泥。

b. 每次爆破长度，顶帮完好地段不大于20 m，连线要采用串联方式，一次装药必须一次起爆。

(2) 施工要求

① 装药的一般规定

a. 装配引药工作由爆破工负责。装配引药必须在顶板完好、支架完整、避开电气设备和导电体的爆破工作地点附近进行。装配引药数量，应以当时当段需用数量为限。

b. 装配引药必须防止电雷管受振动或受冲击，雷管脚线端要扭结，并要防止折断雷管脚线和绝缘层。

c. 从成束的电雷管中抽取单个电雷管时，不得手拉脚线，硬拽管体，也不得手拉管体硬拽脚线，应将成束的电雷管顺好，拉住前端脚线将电雷管抽出。抽出单个电雷管后必须将其脚线扭结成短路。

d. 装配引药时，雷管只许由药卷的顶部插入，不得用雷管代替木棍扎入药卷，严禁将雷管捆在药卷上或斜插在药卷的中部。

e. 雷管插入药卷后，应用脚线将药卷缠紧，并将连线末端扭结，以便把雷管固定在药卷内。

f. 往炮眼中装药前要首先观察顶板状况和支架的稳固情况，检查综放工作面范围内的瓦斯浓度，确认不超限后方可装药。

g. 装药时，首先清除炮眼内的煤岩粉，用炮棍将药卷轻轻捅入，不得产生冲击或硬捣。

h. 装药后，必须把电雷管脚线悬空，严禁电雷管脚线、爆破母线与运输设备、电气设备以及机械等导电体相接触。

i. 只许使用木制炮棍装药，严禁使用金属器件代替。

j. 没有清除眼内煤岩粉不得装药。

k. 装药时发现有水涌出，温度骤高、骤低，有显著瓦斯涌出、煤层松散、透老空顶等情况，都不得装药，爆破工和班组长及时将人员撤至安全地点，立即汇报给调度室和跟班矿领导。

l. 装药完毕要将雷管脚线扭结，并挽起，严禁挂在柱子上、拖在刮板输送机上。

② 封口的一般规定

a. 炮眼用水炮泥和黄泥封口，封泥必须封实、封满且长度不得小于 0.5 m。

b. 黄泥应紧密捣实，严禁用煤岩粉、煤岩块或其他可燃性材料作炮眼封泥。

c. 连线前首先将雷管脚线的接头刮干净，扭结牢固，接头悬空，不得同任何导体接触。

d. 只准采用绝缘母线单回路爆破，严禁将轨道、金属管、金属网、水或大地等接入回路。

e. 爆破前，爆破母线应随用随挂，不使用爆破母线时，将其扭结成短路。

f. 连线前一定要先检查母线是否有电，如若有电一定要查明原因，彻底排除杂散电流的干扰，然后才能与脚线相连。

g. 连线采用串联方式，将爆破母线一端和第一枚雷管脚线一端相连，雷管脚线另一端与下一雷管的一端连接，以此类推，直至最后起爆的雷管与爆破母线的另一端相接。

h. 爆破母线接头不宜过多，每个接头要刮净接牢，并用绝缘胶布包过绝缘层。母线外层破损必须及时用绝缘物质包扎，并定期做电阻试验和绝缘检查。

③ 爆破的一般规定

a. 井下爆破工应有 2 年以上经验，必须经过专业培训，持证上岗。

b. 井下装药、爆破时，工作面所有机电设备必须断电。

c. 入井前爆破工对爆破器必须进行安全性能检查，并和爆破母线进行导通检查，有故障的爆破器和爆破母线禁止带入井下。严禁在井下打开爆破器进行导通检查，有故障的爆破器只能在地面修理，符合防爆标准方可入井使用。

d. 井下爆破必须使用起爆器，起爆器的钥匙必须由爆破工随身携带，不得转交他人，不到爆破通电时，不得将钥匙插入起爆器。爆破后必须立即将钥匙拔出，摘掉母线并拧结成短路。

e. 爆破前，带班长必须亲自布置专人在警戒线和可进入爆破地点的所有通道上担任警戒工作。警戒人员必须在安全地点警戒。警戒线外应设置警戒牌。

f. 打眼、装药、爆破必须严格执行“一炮三检”和“三人连锁爆破”制度。

g. 如出现瞎炮(拒爆),必须在距瞎炮炮眼至少 300 mm 外另打一个与瞎炮炮眼平行的炮眼,重新装药爆破,严禁用手拉雷管或掏挖瞎炮炮眼。

h. 通电后拒爆时,爆破工必须先取下钥匙,并将爆破母线从电源上摘下,拧结成短路,至少等待 15 min,才可以沿线路检查,找出拒爆的原因。因雷管脚线与母线连接有问题时,立即连接好;因起爆器拒爆时,严格按拒爆处理规定进行处理。

i. 为了避免爆破崩坏支架及管线,炮眼口、炮眼底不得正对支架立柱,应为两立柱中间,并在爆破前利用废旧胶带进行遮挡,且最小抵抗线不得小于 0.5 m。

j. 爆破母线连接脚线、检查线路和通电工作只准爆破工一人操作,连线结束后,爆破工必须最后离开爆破地点。

k. 爆破前,班组长必须清点人数,确认无误后方可下达起爆命令;爆破工接到起爆命令后,必须先发出爆破信号,至少等到 5 s,然后方可起爆。

l. 爆破后,待炮烟排放完毕,瓦检员、班组长、安全员、爆破工开始沿路检查爆破地点的瓦斯、顶板、支护、瞎炮、残炮等情况,一切处理完毕后,确认工作面无隐患,经班组长和安全员许可后,其他人员方可进入工作面作业。

m. 爆破时,采煤机距爆破地点距离必须大于 20 m,采煤机必须进行有效遮挡,小于 20 m 或未遮挡严实禁止爆破;爆破地点刮板输送机的齿轨、销轨、电缆槽、电缆线以必须遮挡严实,未遮挡严实严禁爆破,由班组长负责监管。

(3) 安全风险源辨识及安全技术措施

依据《安全风险分级管控年度辨识报告》评估成果,以及采用工作任务分析法进行风险辨识评估,具体如下。

① 风险清单如下:

a. 瓦斯(风险等级:一般风险)。停电停风或通风设施不可靠风流短路,可能造成瓦斯积聚。未按规定检查瓦斯,可能造成瓦斯超限后继续作业。未按照规定处理残炮,可能造成瓦斯爆炸事故。

b. 顶板、煤帮(风险等级:一般风险)。处理煤帮隐患时未严格按措施进行,可能造成局部冒落伤人;支护质量不合格,不能有效支护顶板,可能造成顶板破碎冒落伤人。

c. 机械(风险等级:一般风险)。发送启动信号不清楚或错误,误启动可能造成设备损坏、人员伤害风险。爆破时未对爆破点附近设备进行保护,可能造成设备损坏。未按使用说明书规定操作钻机,可能造成人员伤害。

d. 其他(风险等级:一般风险)。未及时清理作业地点浮煤、杂物,可能造成人员伤害;人员操作不规范,可能造成人身伤害。

② 针对以上风险辨识和评估结果,制定安全技术措施如下:

a. 作业人员要认真学习本安全技术措施,必须做到了解本次作业所处的环境和需注意的安全事项及本人在作业中的工作内容,然后方可上岗。

b. 所有作业人员必须熟知本措施及各种避灾线路,物料要码放整齐,保证退路畅通。

c. 作业地点严格按照《安全生产管理办法》明确现场监管负责人,做好作业人员的自保、互保、联保工作。

d. 安全员要把好当班安全关,并负责严格监督措施的实施。

e. 施工前,必须严格执行现场安全确认制度和联合顶板鉴定制度,确认安全无隐患并签字后方可作业。

f. 瓦检员要严格检查作业地点 20 m 范围内巷道的瓦斯浓度和 CO_2 浓度，浓度超限严禁作业。

g. 作业前检查作业地点前后 20 m 支护情况，发现问题及时处理后方可施工；保持施工地点内无杂物，确保安全出口畅通。

h. 打眼时采煤机及工作面刮板输送机必须停电闭锁，并由班组长安排专人看守，未经班组长同意严禁任何人擅自送电。

i. 井下爆破作业时，必须向调度室汇报爆破次数及相关情况。

j. 施工时，严格执行敲帮问顶制度，待确认安全后方可进行支护作业。要始终保证人员在完好支护下进行作业，并要随时观察煤帮和顶板支护情况。

k. 爆破前由班长先派出警戒人员从爆破地点向外清理人员，所有人员必须撤离到爆破点直线 100 m、拐弯 75 m 以外，三条巷道均设专人警戒，严禁任何人员进入警戒区域。爆破工作严格执行"一炮三检"和"三人连锁爆破"制度。

l. 要将爆破地点 20 m 范围内的电缆、液管等易损部件用旧胶带或风筒布保护起来，防止崩坏。

m. 爆破装配引药、炮眼装药、炮泥充填、雷管脚线扭结、爆破警戒设置、爆破钥匙管理、炮后安全检查等严格按《煤矿安全规程》中爆破管理规定执行。

n. 爆破后，待炮烟散尽 30 min 后经联合确认安全，顶板、瓦斯正常，方可允许工人进入。

o. 瓦检员跟班检测瓦斯，当班跟班干部监督把关，当发现瓦斯浓度达到 0.8%或有其他安全隐患时必须停止作业，采取有效措施及时处理，检查确认无危险后方可恢复作业。

p. 放顶时工作面要有班组长全面指挥，以便发现问题及时处理，并对本班工作面顶板、煤壁活动情况向下班说明，在队内做记录备查。安全员、瓦检员、质检员进行全面监督。

q. 严禁任何人违章作业、违章指挥、违反劳动纪律。

r. 工作面一旦出现通风(瓦斯)、顶板等方面异常情况，必须立即停止作业、撤出所有人员，并上报调度指挥中心。

第3篇参考文献

[1] 陈金国.瓦斯管理的关键技术研究[D].南京:南京航空航天大学,2007.

[2] 冯国瑞,侯水云,梁春豪,等.复杂条件下遗煤开采岩层控制理论与关键技术研究[J].煤炭科学技术,2020,48(1):144-149.

[3] 高玉坤,黄志安,张英华,等.碳酸氢盐阻化剂抑制遗煤自燃机理的实验研究[J].矿业研究与开发,2012(1):64-68.

[4] 何琪.煤矿井下采选充采一体化关键技术研究[D].徐州:中国矿业大学,2014.

[5] 何清琦.残余煤复采安全技术研究[J].科技信息,2009(27):348.

[6]贺杰兵."三下"压煤中矸石充填开采地表沉陷规律探究[J].煤炭与化工,2019,42(2):38-41.

[7] 孟召平,李国富,田永东,等.晋城矿区废弃矿井采空区煤层气地面抽采研究进展[J].煤炭科学技术,2022,50(1):204-211.

[8] 任国军,张广宁,胡宝敏.准格尔煤田特厚煤层放顶煤支架适应性分析及展望[J].煤矿现代化,2020(1):148-150.

[9] 杨进城.低位放顶煤工作面中部斜切进刀工艺实践[J].矿业装备,2019(4):2.

[10] 张宝艳.浅埋"两硬"厚煤层放顶煤液压支架技术研究[D].西安:西安科技大学,2015.

[11] 张吉雄,周跃进,黄艳利.综合机械化固体充填采煤一体化技术[J].煤炭科学技术,2012,40(11):10-13.

[12] 张小强.厚煤层残煤复采采场围岩控制理论及其可采性评价研究[D].太原:太原理工大学,2015.

[13] 张玉江.下垮落式复合残采区中部整层弃煤开采岩层控制理论基础研究[D].太原:太原理工大学,2017.

[14] CHENG W M,XIN L,WANG G,et al. Analytical research on dynamic temperature field of overburden in goaf fire-area under piecewise-linear third boundary condition [J]. International journal of heat and mass transfer,2015,90:812-824.

[15] FENG G R, HU S Y, LI Z, et al. Distribution of methane enrichment zone in abandoned coal mine and methane drainage by surface vertical boreholes:a case study from China[J]. Journal of natural gas science and engineering,2016,34:767-778.

第 4 篇

遗留煤炭资源高效分选

第 10 章　遗留煤炭资源分选技术及装备

10.1　遗留资源分选必要性分析

我国是世界上最早开始煤炭开采和利用的国家之一。在我国煤炭产业发展过程中，国民经济高速发展对煤炭需求量巨大，但受到煤炭开采相关机电设备和科学技术发展水平的限制，长期以来我国煤矿采用的采煤方法相对落后，过度依赖巷道式和房柱式采煤等采煤法，矿井生产效率低下，煤炭资源浪费严重。

为进一步提高煤炭资源回收率，减少资源浪费，中央和地方政府自 2009 年以来，相继出台各项政策及规定鼓励煤矿企业在安全、合理、经济的前提下，对原实施非正规开采的区域煤层进行复采。过去开采条件下形成的旧采遗煤资源，很多煤层埋藏深度较浅，煤质优良，经济价值高，对这部分煤炭资源的高效回收可进一步提高矿井的服务年限，对提高煤炭资源回收率和提高企业经济效益等都有重大意义。

在遗留资源的复采利用过程中，对遗留资源进行分选是生产过程中必不可少的环节。通过对遗留资源的分选，一是能够提高煤炭质量，减少燃煤污染物排放；二是能够提高煤炭利用效率，节约能源；三是能够优化产品结构，提高产品竞争力；四是能够减少运输能力的浪费。因此，遗留资源分选，是遗留资源复采利用环节中十分重要的部分。

(1) 遗煤分选能够提高煤炭质量，减少燃煤污染物排放

煤炭燃烧已经成为产生雾霾和酸雨的“罪魁”，燃煤造成的废气中 SO_2 排放量占空气中排放总量的近 70%，粉尘排放量 80%以上是由于煤炭运输和燃烧过程所造成的。造成这种状况的主要原因是煤炭中的伴生物较多，另外现代煤矿采掘机械化程度高，使煤层夹矸和顶底板岩石大量混入。煤炭行业要想改变这种状况，就需要通过分选加工对煤炭进行去矸和脱硫处理。通过分选，煤炭中的矸石和硫被洗煤厂一起处理回收，然后深加工处理，可以作为副产品出售。这样在对精煤的使用过程中，能大幅度减少矸石灰、煤粉的产生量，也能降低二氧化硫等酸雨元凶对自然界的危害。仅二氧化硫一项，在燃烧后，经过分选后的原煤就会比未分选的原煤降低 100 万～150 万 t/亿 t，在我国原煤产量达到 40 亿 t 的前提下，理论上至少能够少排放 4 000 多万吨二氧化硫，要想通过燃煤后的烟道处理除硫，达到同样的效果，其费用将增加 10 倍以上。

(2) 遗煤分选能够有效提高煤炭利用效率，节约能源

煤炭质量提高，将显著提高煤炭利用效率。研究表明：炼焦煤的灰分降低 1%，炼铁的焦炭耗量降低 2.66%，炼铁高炉的利用系数可提高 3.99%；合成氨生产使用分选的无烟煤可节约煤 20%；发电用煤灰分每增加 1%，发热量下降 200～360 J/g，每度电的标准煤耗增加2～5 g；工业锅炉和窑炉用分选煤，热效率可提高 3%～8%；同时，遗留资源分选产生多

种副产品。为了充分利用资源和减少环境污染，可以通过分类对这些产品进行再利用。比如煤矸石可以用于建筑材料的加工，煤泥可以用作型煤的加工原料，其伴生物黄铁矿回收后可以用来生产硫黄。通过综合利用，煤炭企业的效益将会得到进一步提升，也会将循环经济的发展提到一个较高的水平。

(3) 遗煤资源分选能够优化产品结构，提高产品竞争力

煤炭深加工是延伸煤炭产业链的必然途径。对原煤的分选作为煤炭深加工的起点，其生产过程产生大量煤泥、煤矸石及煤炭伴生物等多种副产品，发展煤炭分选有利于煤炭产品由单结构、低质量向多品种、高质量转变，实现产品的优质化。我国消费煤炭的用户多，对煤炭质量和品种的要求不断提高。有些城市，要求煤炭硫分小于 0.5%，灰分小于 10%，若不发展选煤便无法满足市场要求。

(4) 遗留资源分选能够节约动力，减少无效运输

我国煤炭的主要产出地和使用地之间往往距离较远，这就导致了煤炭的运输成本占煤炭价格的很大比例，尤其是当煤炭价格处于低位时，运输成本有时能占到煤炭价格的 30% 以上。如果在我国当前的煤炭产量下，全部经过分选加工，将可以清除将近 4 亿 t 矸石，由此带来的运费节约将是一个可观的数目。

10.2 遗留资源分选技术

选煤也称洗煤。其与我们生活中淘米类似，是煤矿生产过程中必不可少的一道工序，对于煤矿企业而言，割煤、运煤、选煤(从原煤中分选出符合用户质量要求的工业用煤)是煤矿安全生产过程中的重要环节。煤炭开采过程中影响因素较多，导致煤中或多或少含有矸石、喷浆材料等杂物，为了满足客户需求、减少运输成本等，需要对煤炭进行分选，常见的选煤方法有手选、重选和浮选。

10.2.1 手选

手选是较为古老且传统的选煤方法，主要针对大块的煤炭进行人工分选，工人通过肉眼将可见的矸石等杂物拣出来，从而达到分选的目的，如图 10-1 所示。

10.2.2 重选

它是利用煤与矸石的密度差异，在水或重介质(重液、重悬浮液)和空气(干法)介质中进行分选的方法，如重介质选、跳汰选、槽选、摇床选和离心力场选等方法。煤的相对密度一般在 1.2～1.8 之间，矸石相对密度一般在 1.8 以上。重选是煤炭分选行业最常用的方法，其主要原因为在煤炭分选过程中，煤的品位相对较高，且煤与矸石的密度一般相差较大，通过重选就可以实现煤与矸石的分离。

重选的原理是通过不同物质的密度不同，即重力不同，来实现分选目的的。质量＝密度×体积($m=\rho V$)，进入重选设备的煤一般均经过分级筛，破碎筛分处理，也就是说进入重选设备的待选物一般体积均保持在一定范围内，差异不大，所以导致不同待选物质量的不同。主要是不同待选物的密度不同，密度越大，质量越大，即越重。同种物理单位体积的物质质量是一个确定的值，同种物质密度是相等的，所以不同待选物的分离主要就是通过物质密度的

图 10-1 手选现场图

不同来实现。即体积相同的情况下，质量越大的物质，重力越大，通过在选煤机内借助重力把不同密度的煤和矸石分离，可以达到分选的目的。

重选的方法主要有重介质选煤、跳汰选煤、溜槽选煤和摇床选煤，其中重介质选煤和跳汰选煤是常用的方法。

(1) 重介质选煤

重介质选煤是较为常见的选煤方法，图 10-2 所示为重介质选煤工艺及设备。

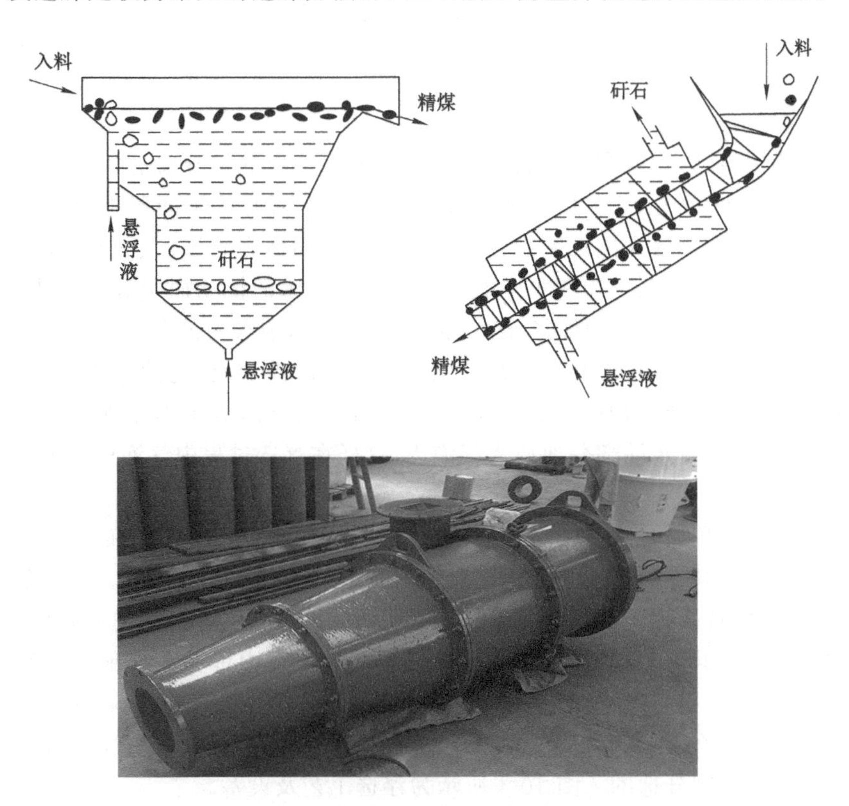

图 10-2 重介质选煤工艺及设备图

工作原理:在设备中加入适当比重的悬浮液(悬浮液比重介于煤与矸石的比重之间),让煤从上部入料口进入设备,因为煤与矸石的比重不同,煤的重力小于悬浮液的浮力,此时煤悬浮在悬浮液表面,并从悬浮液上部流入精煤出料口;因矸石的比重比悬浮液的比重大,矸石会沉入设备底部,并从矸石出口流出,从而实现煤与矸石的分选。

(2) 跳汰选煤

跳汰选煤是利用重选液来实现分选的。图 10-3 所示为跳汰选煤工艺及设备。如图 10-3 所示:ⓐ 煤与矸石杂乱堆积;ⓑ 水流上升,带动煤与矸石上升,根据重力不同出现分层;ⓒ 水面下降,继续出现分层;ⓓ 煤与矸石实现分选。

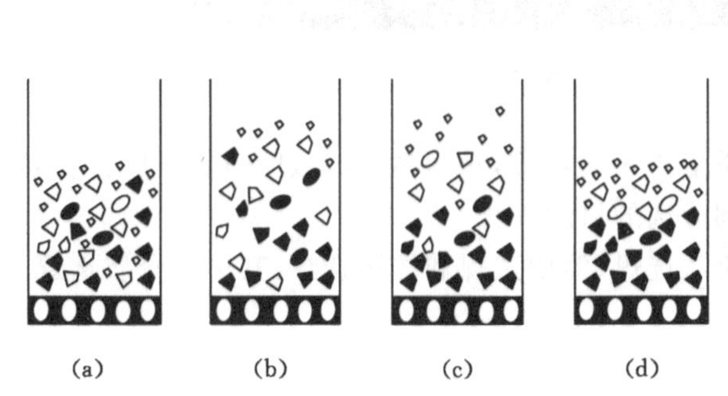

图 10-3 跳汰选煤工艺及设备图

10.2.3 浮选

浮选又称为浮游选矿,是利用矿石中不同矿物表面性质的差异将有用矿物与脉石矿物在气-液-固相界面分离的选矿技术,也叫作界面分选。一切基于不同矿物颗粒界面性质的差异,直接或间接利用相界面实现颗粒分选的工艺过程均称为浮选。它采用能产生大量气泡的表面活性剂——起泡剂。当在水中通入空气或由于水的搅动而引起空气进入水中时,表面活性剂的疏水端在气-液界面向气泡的空气一方定向,亲水端仍在溶液内,形成了气泡;另一种起捕集作用的表面活性剂(一般都是阳离子表面活性剂,也包括脂肪胺)吸附在固体矿粉的表面。这种吸附随矿物性质的不同而有一定的选择性,其基本原理是利用晶体表面的晶格缺陷,而向外的疏水端部分地插入气泡内,这样在浮选过程中气泡就可能把指定的矿粉带走,达到选矿的目的。

浮选的另一重要用途是降低细粒煤中的灰分和从煤中脱除细粒硫铁矿。全世界每年经浮选处理的矿石和物料有数十亿吨。大型选矿厂每天处理矿石达十万吨。浮选的生产指标和设备效率均较高,选别硫化矿石回收率在 90%以上,精矿品位可接近纯矿物的理论品位。用浮选可处理多金属共生矿物,如从铜、铅、锌等多金属矿石中可分离出铜、铅、锌和硫铁矿等多种精矿,且能得到很高的选别指标。浮选适于处理细粒及微细粒物料,用其他选矿方法难以回收小于 10 μm 的微细矿粒,也能用浮选法处理。浮选主要是利用煤与矸石的表面物理化学性质不同来实现分选的。图 10-4 所示为浮选工艺及设备。

浮选过程中,在浮选槽中加入水和药剂(捕收剂、起泡剂、抑制剂、分散剂、絮凝剂),充分搅拌均匀并从底部充气,然后加入待选矿物,持续搅拌,在搅拌的过程中,亲气疏水的气泡与

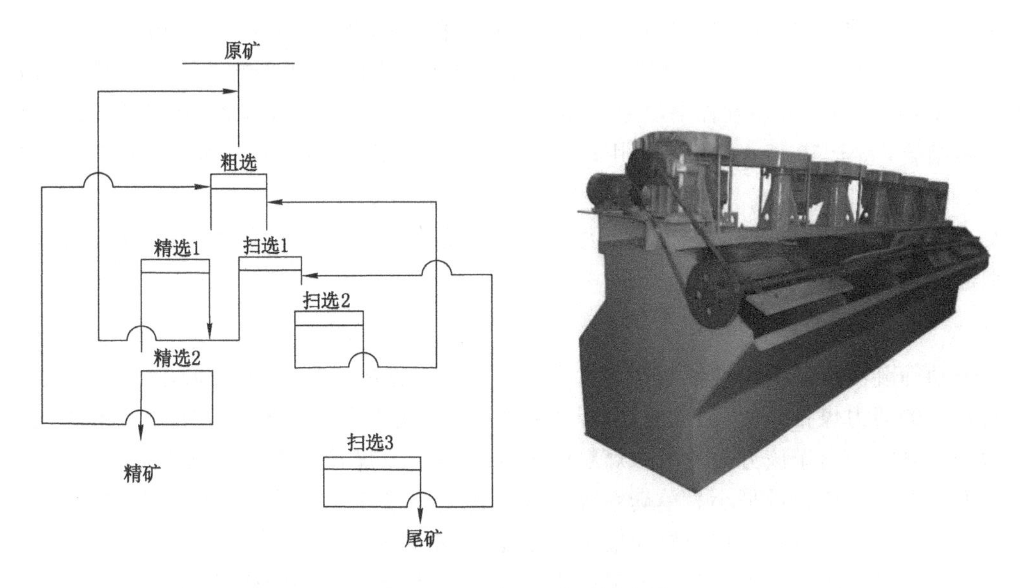

图 10-4　浮选工艺及设备图

目标矿物进行吸附，在气泡上升的过程中，带动目标矿物上升到浮选槽顶部，刮板将目标矿物刮入精矿槽，从而实现精矿与尾矿的分离。

10.3　遗留煤炭资源分选工艺

10.3.1　常见的动力煤选煤工艺

目前，常见的动力煤分选工艺有：复合干法分选、块煤动筛跳汰排矸、块煤重介质浅槽排矸、块煤动筛跳汰排矸＋末煤重介质旋流器排矸、块煤重介质浅槽排矸＋末煤重介质旋流器排矸。

复合干法选煤入料粒度为 0～80 mm，有效分选粒度为 3～80 mm，入料原煤外在水分小于 7%。单机最大规格为 24 m^2（单台处理能力为 180～220 t/h）。块煤动筛跳汰排矸适用于分选粒度为 50～300 mm 或 25～150 mm 的块煤，动筛最大规格为 4 m^2（单台处理能力为 280～350 t/h）。块煤重介质浅槽排矸适用于分选粒度为 13(6)～200 mm 的块煤，浅槽最大规格为宽 7.8 m（单台处理能力为 650～850 t/h）。块煤动筛跳汰排矸＋末煤重介质旋流器排矸适用于块、末煤分级分选，以目前最大规格设备的处理能力计算，单套系统可满足建设规模不大于 5.00 Mt/a 厂型的需要。块煤重介质浅槽排矸＋末煤重介质旋流器排矸适用于块、末煤分级分选，以目前最大规格设备的处理能力计算，单套系统可满足建设规模不大于 8.00 Mt/a 厂型的需要。

10.3.2　动力煤选煤工艺比较

10.3.2.1　复合干法选煤

复合干法选煤不用水，基建投资少，加工成本低，适用于干旱缺水与高寒地区的选煤厂或分选极易泥化的原煤。与水洗分选方法相比，该法降灰幅度小，对 6～80 mm 物料分选精度较高，但对 3～6 mm 物料分选精度相对较差；与动筛跳汰排矸和浅槽排矸相比，该法入料粒度上限小，而在筛分破碎过程中块原煤和可见矸石过粉碎量偏大，因此，可与动筛跳汰排矸方法相结合，大于 50 mm 的块煤采用动筛跳汰排矸，小于 50 mm 的混煤采用复合干法分选，以弥补此方面的不足。

复合干法选煤单机处理能力小，粉尘大，工作环境差，应用局限性较大，适于建设规模为中小型的选煤厂。

10.3.2.2 块煤动筛跳汰排矸

块煤动筛跳汰排矸是水洗工艺中用水量最小的选煤方法，加工成本较低，适用于原煤质量相对较好的动力煤排矸，其分选精度、降灰幅度、生产成本和基建投资介于复合干法选煤和浅槽排矸之间。由于该方法要求原煤粒度较大，因此，原煤筛分破碎系统投资较低，块原煤和可见矸石的过粉碎量最小。单套系统可满足建设规模 5.00 Mt/a 以内厂型的需要，如果厂型再大，其投资优势（与重介质浅槽工艺相比）将不明显。

块煤动筛跳汰排矸既可用于动力煤选煤厂的块煤排矸，又可用于炼焦煤选煤厂代替人工拣矸预先排除可见矸石，机械化程度高，可降低工人劳动强度，应用范围相对较广。动筛入料前应控制好入料粒度上、下限，并保证入料量稳定。

10.3.2.3 块煤重介质浅槽排矸

块煤重介质浅槽排矸与复合干法选煤和块煤动筛跳汰排矸相比，其入料粒度范围最宽（6～200 mm），入选量最大，分选精度高，降灰幅度最大。

浅槽设备体积小，土建投资省；单机处理能力大，单套系统可满足建设规模 8.00 Mt/a 以内厂型的需要，其优点比较突出。目前块煤重介质浅槽排矸较广泛地应用于特大型选煤厂。

10.3.2.4 块煤动筛跳汰排矸＋末煤重介质旋流器排矸

块煤动筛跳汰排矸＋末煤重介质旋流器排矸工艺充分发挥了动筛跳汰排矸生产成本低、投资较省的优势，灵活性强，当煤质较好时可只开动筛跳汰排矸系统，以较少的生产成本就能满足产品质量，企业经济效益较好。但是如果选煤厂建设规模大于 5.00 Mt/a，其投资省的优势将不明显。

10.3.2.5 块煤重介质浅槽排矸＋末煤重介质旋流器排矸

块煤重介质浅槽排矸＋末煤重介质旋流器排矸工艺适用于原煤煤质较差或建设规模较大（8.00 Mt/a 以内）的全级入洗动力煤选煤厂。浅槽和重介质旋流器单机处理能力大，且系统简单，基建投资省，生产系统灵活，块、末煤系统可同时运行，也可只开块煤系统。

10.4 遗留资源分选装备

10.4.1 动筛跳汰机

动筛跳汰机结构简图及设备图如图 10-5 所示。有别于筛下（侧）空气室跳汰机，动筛跳汰机依靠筛板的上下运动带动物料做上下运动，进而实现轻产物和重产物的分层与分离，其分选过程不需重介质，也不需供风、顶水和冲水等，因此投资少，生产运营费用低，生产管理方便。如白岩选煤厂采用TD16/3.2型液压动筛跳汰机分选350～50 mm粒级块煤，数量效率在95%以上。

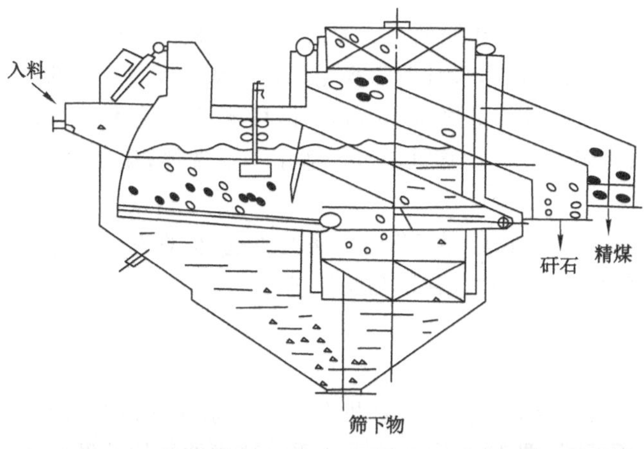

图10-5　动筛跳汰机结构简图及设备图

(1) 技术特点

① 分选粒度范围宽。一般入料粒度可控制在25～300 mm范围内，最低分选下限可达13 mm，但分选下限降低可能会造成分选精度变差等问题。

② 分选精度高。分选块煤时的不完善度一般为0.1左右，数量效率可达95%以上，高于常规跳汰机。

③ 自动化程度高。近年来动筛跳汰分选工艺的自动化水平得到提高，可实现生产的在线调节，生产操作灵活、方便。

(2) 适应性

在实际生产中，动筛跳汰分选工艺不仅适用于大多数动力煤选煤厂块煤分选，还可用于处理低品质煤，或用于煤矿井下(露天矿坑)的块煤排矸，排除由于采掘机械化程度提高而产生的大量矸石，保障后续选煤生产中煤质的稳定；此外，对于原煤可选性为易选，或对精煤产品指标要求不太严格的选煤厂，动筛跳汰分选工艺也是较为适宜的选择。

采用动筛跳汰机分选动力煤时，应注意以下几个问题：

① 设备驱动方式的选择。根据驱动方式不同，动筛跳汰机可分为液压动筛跳汰机和机械动筛跳汰机。虽然两者分选原理相同，但是投资成本相差悬殊。一般机械动筛跳汰机投

资仅为液压动筛跳汰机的一半，设备性价比较高。此外，机械动筛跳汰机结构较为简单，传动系统零部件较少，维护简便；液压动筛跳汰机液压件较多，且需要冷却水系统，结构较为复杂，故障率高，维护费用较高。

② 设备占用空间大小。在相同处理能力的情况下，机械动筛跳汰机的体积要比液压动筛跳汰机大，因此占用空间较大，设计时需根据场地具体情况进行合理选择。

③ 分选精度需求。当入料下限为 25 mm 时，机械动筛跳汰机的分选精度要低于液压动筛跳汰机，且矸石带煤量大。动筛跳汰机仅适用于易选煤，用于难选、极难选煤时需要慎重选择。

④ 入选煤质情况。当入选原煤可选性等级为难选、极难选，或者原煤易碎，以及原煤中矸石遇水易膨胀、泥化时，应慎重选择动筛跳汰机。

10.4.2 斜(立)轮重介质分选机

斜轮重介质分选机与立轮重介质分选机在分选效率和基建投资等方面相近，仅在提矸轮的布置形式上有所不同，图 10-6 为立轮重介质分选机的结构简图。在我国应用较为广泛的是斜轮重介质分选机。工作时，煤由给料口给入，与水平流一起进入分选机，密度高于悬浮液密度的高灰矸石下沉至槽体下部，由斜提升轮提升并排出；密度低于悬浮液密度的低灰精煤则随溢流排出，由附加排料轮辅助排出。

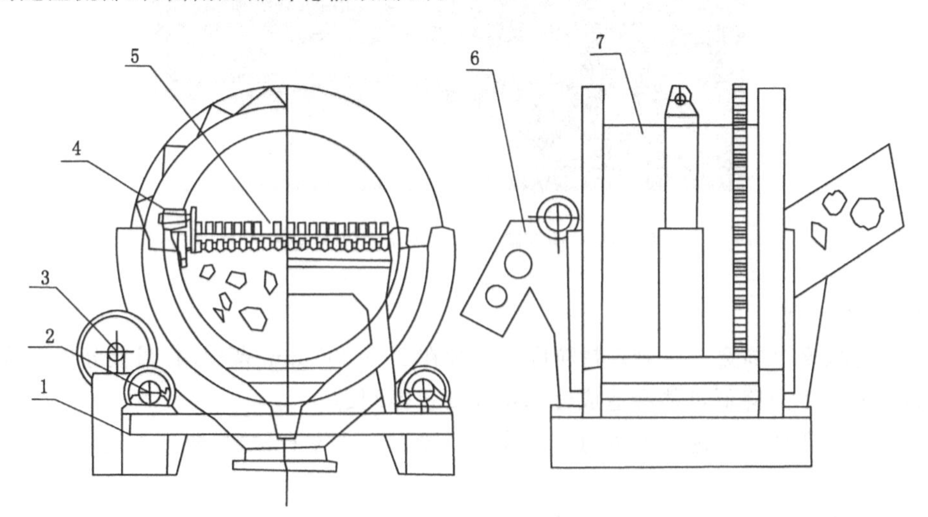

1—机架；2—托轮装置；3—排矸轮传动系统；4—排煤轮传动系统；5—排煤轮；6—分选槽；7—提升轮。

图 10-6 立轮重介质分选机结构简图

斜(立)轮重介质分选机的优点是：分选精度较高，矸石中精煤损失少；设备运转部位不接触分选介质，减轻了设备的磨损。其缺点是：设备占地面积较大，基建投资较高；相关设备零部件易损坏，维护费用也高。在我国选煤生产中，立轮重介质分选机应用极少，斜轮重介质分选机应用较多，如田庄选煤厂采用 2 台 LZX-2.6 型斜轮重介质分选机对＞20 mm 粒级块煤进行分选。

(1) 技术特点

① 斜轮重介质分选机精煤采用排料轮强制排出，在提高设备处理能力的同时，也减少

了悬浮液循环量。入料上限最高可达1 000 mm，入料下限可达6 mm。

② 斜轮重介质分选机占地面积较大，排矸轮与分选槽底部容易沉积小块矸石等物料，从而造成排料轮的磨损，严重时还会导致生产临时停机，致使故障率增加。

③ 由于斜轮重介质分选机轻产物采用排料轮辅助排出，对悬浮液循环量需求较少，因此与悬浮液处理相关的设备功耗较低。

④ 由于分选槽内有上升悬浮液流，因此悬浮液比较稳定，可使用中等细度的加重质，加重质中＜0.045 mm(325目)粒级含量占40%～50%就可达到细度要求。

(2) 适应性

斜(立)轮重介质分选机不仅可以用于原煤预先排矸，而且可满足对分选精度要求较高的分选需求，几乎适用于任何可选性煤的分选，尤其是难选、极难选煤。相比之下，该工艺更适用于矸石含量中等或偏低的煤的分选，原因是煤中矸石含量过大会造成斜提升轮排矸负荷增大，易造成分选槽内的流场受到过度扰动而影响分选效果。

在选择斜(立)轮重介质分选机作为分选设备时，需要考虑以下几个问题：

① 分选密度需求。重悬浮液是由磁铁矿、水、煤泥三者按照一定比例混合而成的，当分选密度超过1.7 g/cm^3时，重悬浮液稳定性变差，易分层沉淀，从而影响分选精度。

② 入料下限确定。该工艺对＜13 mm粒级物料分选效果较差，远低于重介质旋流器分选工艺，因此建议将斜(立)轮重介分选机入料下限控制在13～25 mm之间。

③ 分选产品数量。目前主流的斜轮重介质分选机均为两产品机型，三产品机型应用极少。若原煤经过一次分选后精煤产品不达标，或者经过一次分选后矸石灰分偏低，则需要采用主再选工艺。主再选工艺的选择与布局，通常有下列两种方式：一是先低密度主选出合格块精煤，后高密度再选出块矸石和块中煤，通常采用两台设备主选配合一台设备再选，工艺布置较为简单，适用于精煤量较大的情况；二是先高密度主选出合格块矸石，后低密度再选出块精煤和块中煤，这适用于矸石含量大(40%～50%或更高)、泥化程度高的原煤分选，可优先将量大、易泥化的矸石排出分选系统，有利于减少设备负荷和重复分选量，并保障后续煤泥水系统的平稳运行。

10.4.3　重介浅槽分选机

重介浅槽分选机是近年来推广应用较快的块煤分选设备之一，其结构简图与设备图如图10-7所示。重介浅槽分选机分选原理与斜轮重介质分选机相似，但在排矸方式上有差异：该机分选出的矸石先由链式刮板提升至机头，再通过矸石排料口排出，且该机通常无辅助排料轮。相比斜(立)轮重介质分选机，重介浅槽分选机布局更为简单，适应性更强，目前新建或改扩建动力煤选煤厂一般均优先采用重介浅槽分选机来分选块煤。补连塔选煤厂、布尔台选煤厂等均采用重介浅槽分选机一次分选出合格产品；哈拉沟选煤厂则采用重介浅槽主再选工艺选出合格产品；华丰矿选煤厂采用XZQ-1620型重介浅槽分选机对50～200 mm粒级块煤进行排矸。

(1) 技术特点

① 分选粒度范围一般在13～300 mm之间，特殊情况下分选下限可达6 mm。

② 相比斜轮重介质分选机，在同等槽宽的情况下重介浅槽分选机处理能力更大，每米槽宽处理能力达100 t/h。此外，该机采用刮板排矸，矸石排料能力较强。

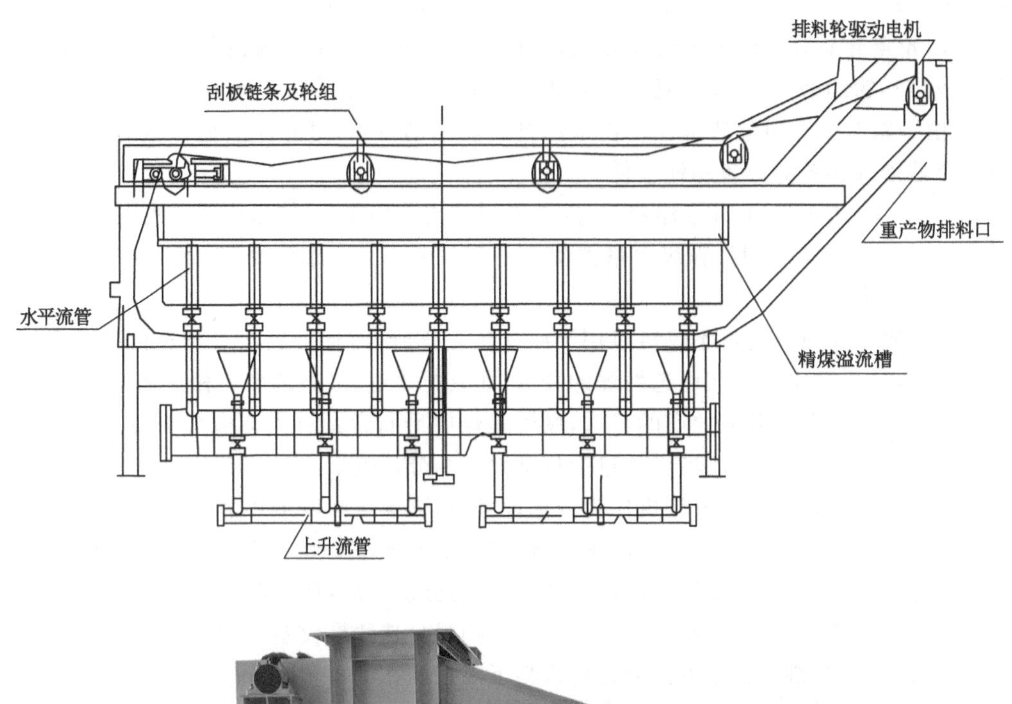

图 10-7　重介浅槽分选机结构简图及设备图

③ 对煤质波动的适应性强，分选精度高。根据生产统计，重介浅槽分选机分选块煤的数量效率在 98%以上，可能偏差在 0.03 g/cm³ 以下。

(2) 适应性

由于重介浅槽分选机对煤质的适应性好，入料粒度范围宽，重产物排料能力强，因此不论是炼焦煤还是动力煤，都可以采用重介浅槽分选机来分选。近年来，重介浅槽分选机在新建选煤厂中得到了广泛使用。

在选用重介浅槽分选机时需要注意以下几点：

① 生产成本。重介浅槽分选机的轻产物主要依靠悬浮液携带溢出，而斜轮重介质分选机的轻产物采用排料轮排料，因此重介浅槽分选机工作悬浮液循环量要大于斜轮重介质分选机。悬浮液循环量的增大会造成介质泵能耗上升，增加选煤厂的生产成本。

② 工艺布置。相比斜轮重介质分选机，重介浅槽分选机占地面积和占用空间均较小，便于特大型选煤厂实现设备并列布置。

③ 设备维护。重介浅槽分选机相关部件维修量较大，刮板运行一段时间后，易于弯曲变形，致使导轨、链条和棘轮等运转部件磨损加剧。

10.4.4　复合式干选机

复合式干选机是一种依靠振动、风力、介质等共同作用实现分选的干法分选设备，其结构简图和设备图如图 10-8 所示。在复合式干选机内，煤做螺旋翻滚运动，在风力和振动力的作用下，床层物料开始松散，物料在重力作用下按照密度大小进行分层。工作时，原料煤由给料机运送至复合式干选机入料口，进入具有一定纵向坡度和横向坡度的分选床，并在床面上形成一定厚度的物料床层；高密度物料与床面接触，受振动惯性力的作用向背板运动，由背板引导向上运动并在尾端排出，成为矸石；低密度物料在重力作用下沿床面下滑，通过排料挡板，成为精煤产品；介于高密度和低密度之间的物料则成为中煤。复合式干选机最大的优点是不需用水，基建投资少，加工成本低，特别适用于矸石含量高的原煤的预排矸，以及原煤中的矸石易泥化时的分选排矸，也适用于干旱缺水、高寒地区煤炭的分选。神华集团万利公司柳塔矿应用 FGX-48 型复合式干选机取得了良好效果，分选不完善度为 0.084，效率高达 95.18%。

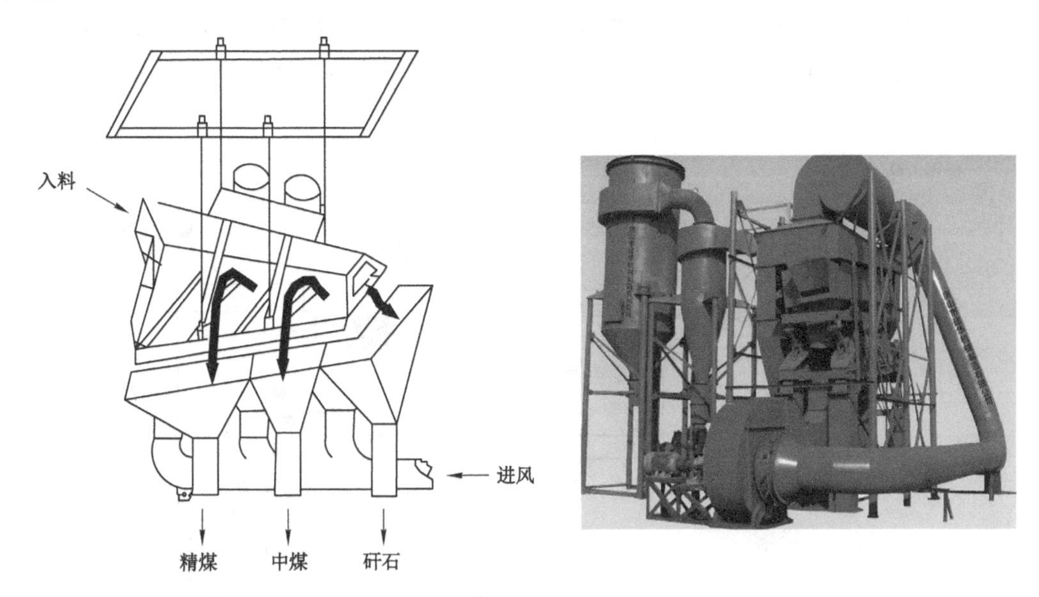

图 10-8　复合式干选机结构简图与设备图

(1) 技术特点

① 入料上限为 80 mm，入料下限为 0 mm，有效分选粒度为 3～80 mm，分选精度略低。

② 排矸效果较好。

③ 产生粉尘较多，工作环境较差，应用时需要配备高效除尘装置，一般较适于中小型规模的选煤厂选用。

④ 能以一台设备分选出两种或三种产品，且产品质量可灵活调节，对煤质的适应性较好，相比动筛跳汰机、斜(立)轮重介质分选机，不需设置主再选工艺。

⑤ 投资少，可适用于煤质较差、精煤质量要求不高的选煤厂选用，以降低成本，增加企

业效益。

(2) 适应性

复合式干选机主要适用于分选精度要求不高的动力煤分选，或在干旱缺水地区推广使用。该机投资成本较低，推广应用前景较好。

在选用复合式干选机时，需要考虑以下两个问题：

① 原煤可选性和地域因素。易选煤可以优先采用复合式干选机；我国西北干旱严重缺水地区也可以优先考虑采用复合式干选机。

② 粉尘防护。选用复合式干选机时，必须配套除尘设施，以免造成生产区域粉尘污染。

10.4.5 智能干选机

近几年来，随着选煤厂智能化进程的推进，以TDS智能干选机(天津美腾科技股份有限公司研发)为代表的智能干选设备在选煤厂块煤分选与排矸环节中得到了推广应用，且发展势头良好，其结构如图10-9所示。TDS智能干选机基于X射线识别技术，根据煤与矸石对射线的吸收程度不同，通过智能算法等技术手段，结合高灵敏、高可靠执行机构(高压空气喷嘴等)将矸石排出，从而实现煤与矸石的分离。枣庄矿业集团新安煤业选煤厂采用TDS智能干选机替代动筛跳汰机排矸，在入料粒度为50～300 mm条件下，矸石带煤率低于3%。曙光煤矿选煤厂同样采用TDS智能干选机替代了动筛跳汰机排矸，在分选40～200 mm原煤时，矸石带煤率仅为0.83%。

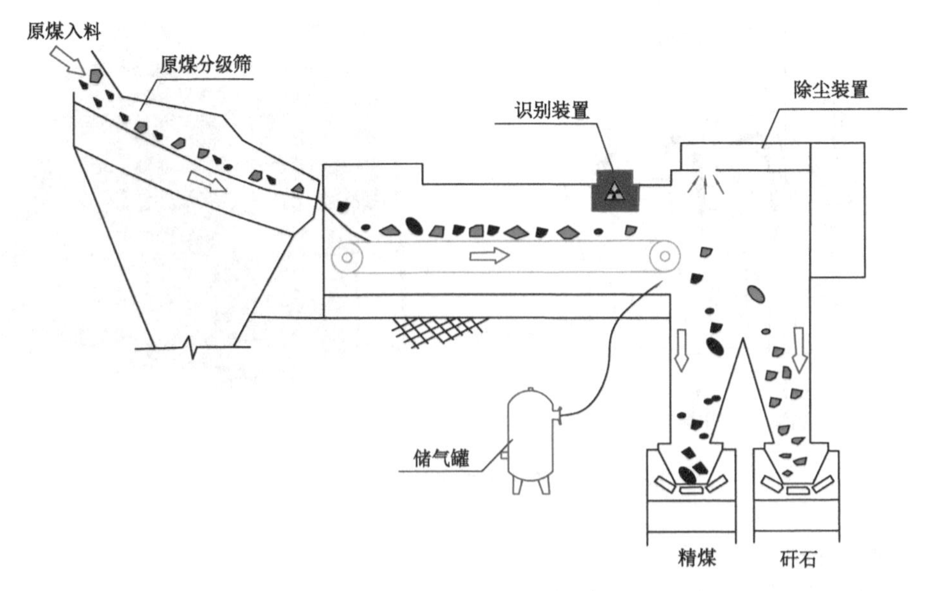

图10-9 TDS智能干选机结构简图

(1) 技术特点

① 入料粒度范围宽，可广泛应用于50～300 mm、25～100 mm粒级块原煤的分选。

② 分选精度高。依托大数据及智能分析系统，智能干选机能够准确识别煤与矸石，跟踪物料的运行轨迹进而锁定目标，控制执行机构动作，实现煤与矸石的精准分离。一般矸石中带煤率在3%～5%之间，分选精度较高。

③ 系统简单。智能干选机分选过程不用水，节省了湿法选煤过程的水力管道、煤泥水处理等环节的投资，且辅助设备少，生产管理方便。

④ 辐射防护安全性好。智能干选机依托射线识别技术对矸石与煤进行识别，再辅以铅壳屏蔽，设备周围的辐射强度低于国标值，能保障工作环境绿色安全。

⑤ 分选过程无煤泥产生。与复合式干选机选煤相同，智能干选机分选过程不需要水，不产生煤泥水，节省了煤泥水浓缩回收设备，可节省基建投资。

⑥ 能耗低。智能干选机采用射线识别技术，由高压空气执行煤矸分离，其能耗主要用于空压机。

⑦ 维护量小。智能干选机相关辅助设备少，设备自身及零部件性能可靠，维护量小。

⑧ 工人劳动强度小。智能干选机是高度自动化的分选设备，正常生产时仅需 1 人值守，也可实现无人值守。

(2) 适应性

智能干选机块煤排矸的分选精度高，可广泛用于动力煤的排矸以及炼焦煤块煤预排矸作业。该设备仅靠一套集成装备即可实现分选，操作和工艺极其简单，用于老厂改造时，可以在原煤手选输送带上进行，可操作性强，适应性广。

在选择智能干选机时，应注意以下几点：

① 适用范围。现阶段智能干选机多用于排矸作业，在实际生产中，智能干选机常用于 >50 mm 粒级原煤的预先排矸，用于代替人工手选以及动筛跳汰机、斜(立)轮重介质分选机排矸。智能干选机对中煤和精煤的分离精度低于中煤和矸石的分离精度，因此智能干选机排矸后的混煤一般还需要设置再选，这样才能保证块精煤产品质量合格。对于煤质较好的动力煤，智能干选机可以实现大块原煤的终极分选，直接分选出合格大块精煤。

② 分选下限。智能干选机的分选下限与其处理量密切相关，分选下限越低，设备处理量越小。现阶段分选下限最低可达 25 mm，但应用时分选下限多以 50 mm 为主。相比其他设备，智能干选机分选下限受限，在实际应用中需要将其与重介排矸设备联合使用，以实现全粒级排矸。

③ 占用空间。智能分选机占地面积小，设备运行过程中不需要水，可用于井下原煤的预先排矸，可再将排出的矸石用于井下充填。

第 11 章　遗留煤炭资源分选工程实践

11.1　遗留煤炭资源矸石率统计分析

煤矸石是在煤矿建井、开拓掘进、采煤和煤炭分选过程中产生的干基灰分大于 50% 的岩石，它是含碳量低、比煤坚硬的黑灰色岩石。煤矸石是煤炭生产和加工过程中产生的固体废物，在煤炭开采行业，我国每生产 1 亿 t 煤炭，排放矸石 1 400 万 t 左右；在煤炭分选行业，每分选 1 亿 t 炼焦煤，排放矸石 2 000 万 t，每选 1 亿 t 动力煤，排放矸石量 1 500 万 t。近三年新增煤矸石产生量约为 6.5 亿 t。

我国煤炭资源较为丰富，随着煤炭开采量的增加，煤矸石大量堆放，不仅浪费了宝贵的国土资源，而且部分煤矸石排放出的 SO_2、H_2S 等有害气体，在暴雨的冲刷下，容易污染河流、毁坏农田，对环境存在较大威胁。因此，煤矸石的处理及处置受到了广泛关注。煤矸石主要成分是硅、铝、铁，不仅可以用于生产新型建筑材料，还可以用于生产化学肥料等。整体来看，我国煤矸石综合利用的有效途径主要是用于供电供热、生产矿物新材料、新型建材、农业肥料等。一方面，利用煤矸石及煤泥、劣质煤等低热值燃料，建设大型坑口火电基地，不仅可以实现发电，还可以实现向城市集中供热，最终实现生态及经济效益双丰收。另一方面，煤矸石粉碎后可制成砖坯，将其传输至转炉，可自燃的煤矸石砖坯迅速生成建筑用砖，较大程度诠释了煤矸石"变废为宝"。同时，利用煤矸石中富含的铝元素，可将其制成氯化铝、氢氧化铝、硫酸铝等化工原料。此外，煤矸石中含有多种农作物生长所需的微生物肥料成分，这为煤矸石的综合利用开辟了新途径，我国相关研究机构以煤矸石为基质生产生物肥料的菌种，并达到较好效果，生产出的肥料具有无毒、无害、优质、高效等优点。

我国矿产资源较为丰富，并且每生产单位体积的原煤，煤矸石的排放量约为原煤总量的 10%～20%，导致煤矸石年产量较大。我国生态环境部公布数据显示，我国工业煤矸石年产量达 3.3 亿 t，综合利用率为 53.1%，综合利用量约为 1.8 亿 t。整体来看，我国煤矸石主要由煤炭开采和分选业产生，其年产量为 3.2 亿 t，综合利用率为 52.0%。随着我国资源循环利用的快速发展，煤矸石行业综合利用率仍有待提高，按照粉煤灰 1 300 元/t 的回收价值推算，我国年产 3.3 亿 t 煤矸石中仍存在 1.5 亿 t 尚未得到有效利用，若此部分煤矸石得到充分循环利用，市场价值可达约 2 000 亿元。

整体来看，利用煤矸石生产的原料具有良好的耐腐蚀性及较高的强度，对于降低热岛效应、减少环境污染具有重要意义，并且生态环保符合国内外发展形势，煤矸石的绿色循环利用发展前景广阔。近年来，为促进煤矸石综合利用产业发展，我国出台了一系列减免所得税、增值税等政策。在政策推广以及环境、经济效益高等因素的驱动下，我国煤矸石综合利用企业不断涌现，企业数量稳步增长。根据公开数据，我国煤矸石处理企业从 2012 年的

412 家增长至 2019 年的 1 266 家。

从地区分布来看，我国四川、山东、河南、北京、辽宁、吉林等地都拥有一批大型骨干企业，市场发展也相对成熟。

11.2　遗留煤炭资源分选实践

11.2.1　选煤厂建厂缘由

永安煤业公司本着优化产业结构、延伸产业链条、实现循环可持续发展的战略，为提高企业经济及社会效益，经研究决定，在永安煤业有矿井工业场地内建设矿井型选煤厂。对于煤炭分选的必要性，现分述如下：

(1) 对原煤进行分选加工是适应市场的需要。

随着矿井机械化开采水平的提高，顶底板岩石的混入必将使毛煤灰分随之升高，如果原煤不经分选直接销售，其灰分及发热量的大幅波动，将严重制约产品煤的销售。因此，必须有效降低其产品灰分、硫分和水分，稳定产品质量，这样才能满足不同用户对产品煤的质量要求。只有建设一座现代化的选煤厂，才能提高企业适应市场的主动性。

(2) 入洗原煤为复采煤，矸石量大，约占总量的 40%。因此分选加工对提高产品质量非常必要。

(3) 煤炭分选加工，是煤炭企业增强市场竞争力的需要。

煤炭分选加工，不但可以降灰降硫，稳定产品质量，更重要的是可以改变煤炭产品结构，增加品种及质量级别，增强市场应变能力，提高煤炭生产企业的市场竞争力。

(4) 煤炭分选加工，符合国家的能源产业政策。

我国能源消费结构发生变化，对煤炭的需求集中表现为需求量增加，需求品种增多，产品质量要求稳定。选煤技术是洁净煤技术的基础，也是实现可持续发展的重要环节，是企业产品质量稳定的有效途径。国家将煤炭分选加工科技项目纳入高新技术的扶持政策范围。

(5) 煤炭分选加工是环境保护和洁净煤技术的需要。

随着“环境保护无国界”口号的提出，全世界对保护环境的呼声日益高涨，煤炭燃烧对环境造成的污染越来越受到世界各国的关注。随着我国环保法的颁布实施，火力发电对煤炭质量的要求也越来越严格，对煤炭进行分选加工，是降低煤中有害物质含量、满足环境保护要求、维护我们赖以生存的地球环境的有效途径之一。煤炭加工中的选煤是国际上开展洁净技术研究的公认重点，是煤炭后续深加工的前提，是使工业燃煤大大减少烟尘和 SO_2 排放量最经济、最有效的途径。煤炭分选是洁净煤技术的源头，燃烧和使用洁净煤是减少对大气污染的有效途径。

综上所述，该选煤厂项目的建设是非常必要的，选煤厂的建设能够发挥集团公司资源优势，为企业创造更大的经济效益，同时也符合国家能源及环保产业政策。

11.2.2　洗煤厂建设条件

(1) 煤源：本选煤厂煤源来自永安矿井和南凹寺矿井。

(2) 水源:选煤厂给水水源由矿井统一供给。

(3) 电源:选煤厂负荷等级为二级,由矿井统一规划。

(4) 热源:选煤厂采暖由矿井统一规划,不足部分进行新建。

(5) 交通运输:永安煤矿地理位置优越,紧临阳端公路和沁辉公路,侯月铁路从矿区东南经过,距嘉峰煤炭集运站不到 3 km,交通十分便利,产品可通过铁路、公路发往全国各地。

(6) 通信:区内已形成完整的通信网络,市、区固定电话均采用数字程控交换机,移动电话和互联网已非常普及。

(7) 材料供应:选煤厂所需钢材、水泥等主要建筑材料可在本地采购。

永安选煤厂布置如图 11-1 所示。

11.2.3 选煤方法及结构

(1) 选煤方法

煤矸石是与煤伴生、共生的一种固体矿产资源,也是煤炭开采和分选加工过程中排放量最大的废弃物。研究表明,大多数煤矸石的成分以高岭石为主。煤矸石一般的处理方式是:由井下随煤流或者单独运输至地面,堆积形成煤矸石山。煤矿采区内,煤矸石层一般呈现层状、似层状或透镜状,分布于各煤层的顶、底板,或在煤层中呈夹矸状,与煤层产状完全一致。煤矸石的存在严重影响煤炭企业效益,而永安煤矿 3# 煤矸石占有率大,因此分选细分后收益明显。

同时按照《中国煤炭分类》(GB/T 5751—2009)对 3#、15# 煤进行分类。井田内 3# 煤层的浮煤挥发分(V_{daf})为 4.88%~6.93%,平均为 5.37%;氢元素含量(H_{daf})为 2.48%~2.83%,平均为 2.70%。15# 煤层的浮煤挥发分(V_{daf})为 4.41%~4.90%,平均为 4.64%;氢元素含量(H_{daf})为 2.33%~2.39%,平均为 2.36%。故 3# 煤和 15# 煤属于无烟煤二号(WY2)。

灰分作为选煤生产控制的主要指标,控制关键是按入料的煤质特性选用合适的分选工艺设备,保证各环节的分选精度,确保产率最大化。煤炭开采过程中也需减少矸石进入煤流,尽量控制原煤灰分。基于永安煤矿 3# 煤的矸石率及灰分等性质确定该矿井使用的分选方法。

通过对选煤工艺的多方案论证,本设计采用分级入洗的方式,即 80~10 mm 重介浅槽分选、10~1.0 mm 重介旋流器分选、1.0~0.25 mm 煤泥旋流器+弧形筛+离心机回收、0.25~0 mm 压滤回收的联合工艺。

(2) 产品结构

经综合分析,本厂定位为动力煤选煤厂,产品结构为:大块煤为 80~30 mm;中块煤为 30~15 mm;粒煤为 15~10 mm;末精煤为 10~0 mm;副产品为煤泥、矸石。

(3) 工作制度

选煤厂工作日每年为 330 d,每天两班生产、一班检修,每天生产 16 h。

(4) 生产能力

选煤厂设计能力为 1.20 Mt/a,日处理原煤能力为 3 636.36 t,小时处理能力为 227.27 t。

(5) 选煤工艺

① 80~10 mm 煤(采用重介浅槽分选)

浅槽分选是利用煤和矸石密度的不同在相对静止(非脉动水流)重介悬浮液中自然分层

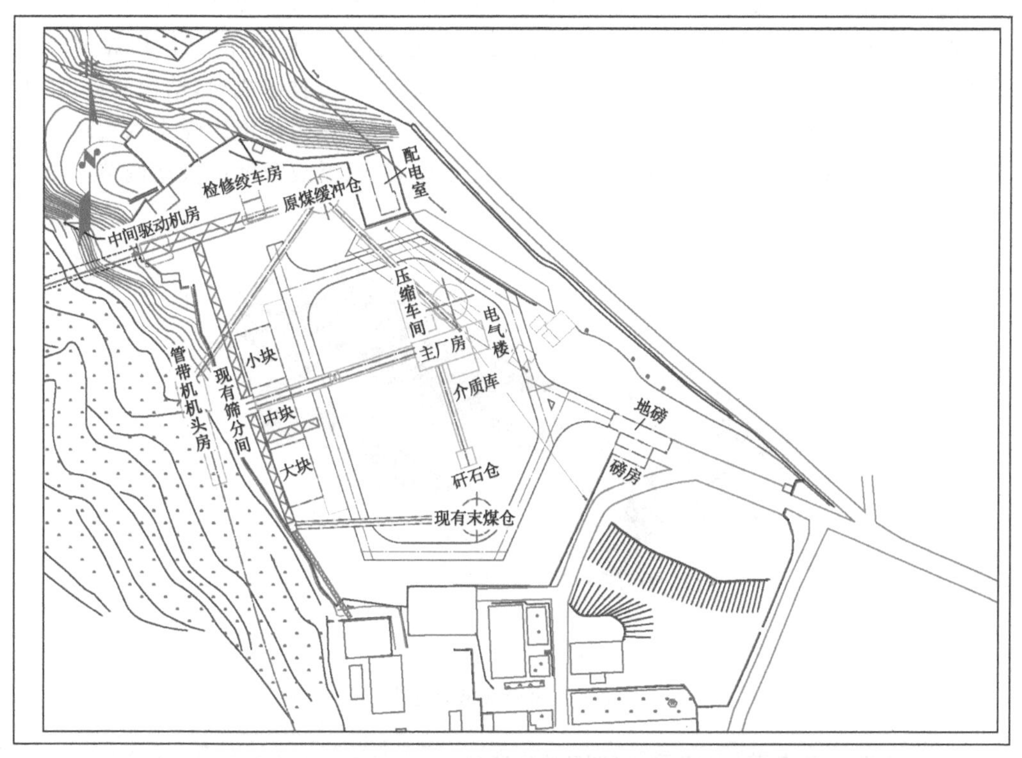

图 11-1 永安选煤厂布置图

来实现的，采用浅槽分选块煤，具有适应入料粒级宽的特点，其分选上限可达 300 mm，有效分选下限可达 6 mm，即 300～6 mm 级原煤同时进入浅槽，均能获得有效分选，具有很好的生产灵活性和市场适应性。

设计推荐 80～10 mm 采用浅槽分选，主要优点是：符合业主产品结构的要求，浅槽是应用广泛的排矸设备。分选上限范围高、分选粒度范围宽，能有效减少煤和矸石的破碎率和由此产生的泥化增加，同时降低能耗。单台设备通过能力大，适应矿井开采时，块煤率较高的煤质特点。分选精度比跳汰选高，产品回收率高。设备大型化，技术成熟，结构简单，使用可靠，维护方便。有效分选时间短，分选过程平稳，次生煤泥量少，可将混入煤中的大块泥岩及时排出系统，减少其泥化对煤泥水的影响。自动化程度高，悬浮液密度可自动调节。图 11-2 为所示重介质浅槽分选机。

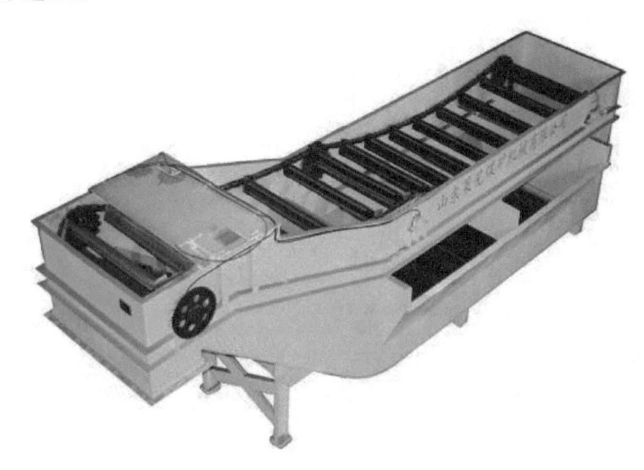

图 11-2　重介浅槽分选机

② 10～1.0 mm 末煤（采用重介旋流器分选）

通过对国外先进选煤技术和设备的引进，50 mm 以下原煤分选广泛采用了分选精度高、处理能力大、分选粒级宽的重介旋流器工艺。随着大型脱介筛和离心机的应用，旋流器分选工艺系统大为简化，系统更加稳定可靠。与此同时，近年来耐磨材料的广泛使用，解决了以往旋流器系统维护量大、生产成本高的问题。另外，生产自动化技术的发展和应用使得重介选煤厂操作性更强、自动化程度更高，重介旋流器可以依靠密控系统精确地调节重介悬浮液密度，从而改变分选密度，由此可在一定范围内实现“无级调灰”，以适应市场的不同需求。

本次设计采用重介旋流器分选分选 10～1.0 mm 末煤，具有以下优点：设备处理能力大，工艺系统简单，易于操作；设备体积小，易于布置，厂房体积小；排矸能力大，煤质波动适应能力较好，能及时排除大量矸石；分选精度高，悬浮液可自动调节，自动化水平较高，适合用于可选性差煤的分选；介质稳定性好，易于调节，系统稳定性高，分选效果易于保证，达产容易。图 11-3 所示为重介旋流器分选机。

③ 1.0～0.25 mm 粗煤泥回收

粗煤泥的回收普遍采用两种流程模式：一是采用浓缩旋流器＋高频筛方式；二是采用浓缩旋流器＋弧形筛＋离心机方式。

第一种回收方式，工艺比较简单，设备台数较少，但是粗煤泥产品的水分要高一些，粗煤泥掺进末煤产品会降低末煤产品的质量。第二种回收方式，首先采用弧形筛进行泄水，再通过煤泥离心机进一步泄水，能有效保证产品的水分含量符合要求。

根据矿方提出的投资节省及产品质量合格的要求，本次设计采用第二种方式回收粗煤泥。用浓缩旋流器＋弧形筛对粗煤泥进行粗脱水，脱水后的粗煤泥和末煤共用一台离心机，节省了一台煤泥离心机的投资。图 11-4 所示为浓缩分级旋流器及弧形筛。

图 11-3　重介旋流器分选机

(a) 浓缩分级旋流器

(b) 弧形筛

图 11-4　浓缩分级旋流器及弧形筛

④ 细煤泥的回收

压滤机是选煤厂普遍应用的细煤泥脱水设备。其操作简单，滤液浓度较低，故障率低，而且厂房高度低，体积较小，投资较少。因此推荐 −0.25 mm 以下细煤泥采用压滤机回收。压滤机设备如图 11-5 所示。

图 11-5　压滤机

11.2.4 分选煤效益

永安煤矿煤分选后,共计得到5种产品,销售结构得到大幅度优化,市场匹配率及欢迎度得到显著提高,具体产物如表11-1所示。其中分选前,煤矸石约占40%,末煤约占30%,块煤约占20%,泥煤约占10%,原煤如图11-6所示;分选后煤矸石约占30%,末煤约占25%,精块煤约占25%(包括中块17%,小块17%,小粒66%),泥煤约占10%,中煤约占10%,如图11-7所示。

表11-1 分选前后煤种分类及其占比

分选前	煤矸石	末煤	块煤	泥煤	
占比/%	40	30	20	10	
分选后	煤矸石	末煤	精块煤	泥煤	中煤
占比/%	30	25	25	10	10

图11-6 分选前原煤图

永安煤矿年产煤60万t,分选后将煤进行分级分批,提高了对市场的适应性,符合了当前市场对煤炭的具体要求,吨煤价格由原来的平均约400元提高到750元左右,每年约增收2.1亿元,大大提高了煤矿经济效益,同时复采煤产品质量得到有效提升。

原煤经过分选后,商品煤质量稳定,硫分还得到进一步降低和控制,同时经过分选后的煤在使用时将排放更少的SO_2,减少了煤燃烧造成的环境污染。分选后煤中灰分有效减少,热解更加充分,大大提高了煤炭的利用效率。在国内外市场上竞争力进一步增强,提高了企业的经济效益和社会效益,助力“双碳”战略目标的顺利实现。

(a) 煤矸石　(b) 末煤　(c) 精块煤　(d) 泥煤　(e) 中煤

图 11-7　分选后各产品图

第4篇参考文献

[1] 邓越，姚明刚.沙坪洗煤厂重介浅槽技术改造[J].煤炭工程，2018，50(S1)：34-36.

[2] 段大文，耿养文.矸石山综合治理及煤矸石深加工技术实践[J].煤炭科学技术，2011，39(增1)：130-132.

[3] 冯国瑞，侯水云，梁春豪，等.复杂条件下遗煤开采岩层控制理论与关键技术研究[J].煤炭科学技术，2020，48(1)：144-149.

[4] 冯国瑞，张玉江，白锦文，等.遗留煤炭资源开采岩层控制研究进展与发展前景[J].中国科学基金，2021，35(6)：924-932.

[5] 冯国瑞，张玉江，戚庭野，等.中国遗煤开采现状及研究进展[J].煤炭学报，2020，45(1)：151-159.

[6] 郭建斌.动筛跳汰机的应用及改进措施[J].煤炭科学技术，2010，38(12)：123-125.

[7] 郭洋楠，李能考，何瑞敏.神东矿区煤矸石综合利用研究[J].煤炭科学技术，2014，42(6)：144-147.

[8] 贾鲁涛，吴倩云.煤矸石特性及其资源化综合利用现状[J].煤炭技术，2019，38(11)：37-40.

[9] 剧殿臣，康华，林井祥.复合式干法选煤的现状及经济分析[J].煤炭技术，2010，29(10)：109-111.

[10] 李勃.红沙梁选煤厂干法选煤工艺研究[J].煤炭技术，2022，41(9)：236-238.

[11] 李茂刚.田庄选煤厂选煤工艺改造研究[J].煤炭工程，2015，47(6)：27-29，33.

[12] 李明辉.煤炭洗选加工60年回顾[J].煤炭工程，2014，46(10)：24-29.

[13] 李银河.火石咀煤矿选煤厂选煤工艺设计[J].煤炭技术，2015，34(8)：283-285.

[14] 刘峰，刘超.煤矸石综合利用系统的研究与应用[J].煤炭技术，2019，38(12)：144-146.

[15] 刘佳喜.选煤工业现状及发展战略[J].煤炭科学技术，2011，39(增1)：89-90.

[16] 祁泽民，符东旭.选煤重介质悬浮液稳定性分析[J].煤炭科学技术，2008，36(6)：107-109.

[17] 秦琪焜，方健梅，王根柱，等.煤矸石与城市污泥混合制备植生基质的试验研究[J].煤炭科学技术，2022，50(7)：304-314.

[18] 申斌学，朱磊，古文哲，等.煤矿智能干选系统设计方法研究[J].煤炭工程，2021，53(5)：17-22.

[19] 王跃.复合式干法选煤技术在新集八里塘矿的应用[J].煤炭工程，2006，38(10)：17-19.

[20] 吴国平.动筛跳汰机在白岩选煤厂的应用[J].煤炭技术，2014，33(8)：330-332.

[21] 肖雪军，鞠宇飞.煤矸石质固土材料固化土的耐久性试验研究[J].煤炭科学技术，

2016,44(12):202-207.

[22] 于尔铁.动力煤洗选的发展与工艺选择[J].中国煤炭,2006,32(1):50-52.

[23] 张瑞文.李家塔选煤厂工艺设计[J].煤炭技术,2019,38(12):152-155.

[24] 张艳军,雷美荣.动筛跳汰机筛板结构优化设计与应用[J].煤炭科学技术,2014,42(2):114-116.

[25] 赵跃民,张亚东,周恩会,等.清洁高效干法选煤研究进展与展望[J].中国矿业大学学报,2022,51(3):607-616.

[26] 郑均笛,颜冬青,李毅红,等.对陕西煤炭洗选加工创新发展探讨[J].煤炭工程,2016,48(9):15-18.

[27] 周玲妹,郑浩,武正鹏,等.煤炭分选过程中铅与硫的迁移与富集规律[J].煤炭学报,2023,48(2):1017-1027.

[28] 周楠,姚依南,宋卫剑,等.煤矿矸石处理技术现状与展望[J].采矿与安全工程学报,2020,37(1):136-146.

[29] 朱晨浩,杜美利,杨敏,等.彬县下沟矿煤矸石特性及烧结制砖工艺研究[J].煤炭技术,2020,39(3):133-136.

[30] 朱吉茂.加快实施煤矸石综合利用发电的建议[J].煤炭工程,2011,43(6):103-104.

[31] 朱子琪,邓小伟,周瑞通,等.哈拉沟选煤厂重介浅槽分选机入料下限调整的应用研究[J].煤炭工程,2018,50(5):87-89.

鹏飞集团简介

鹏飞集团是一家集原煤采掘、精煤分选、焦炭冶炼、现代煤化工、氢能全产业布局、可再生能源利用、5G 智能应用及公铁路联通融合、文旅酒店地产等为一体的数智化、循环化、“以绿色为底色”的全产业链中国 500 强企业。业务覆盖全国，是在实现碳达峰、碳中和目标中具有领航优势的绿色低碳科技企业。

集团成立以来，始终坚定“国家战略就是鹏飞最大战略，时代步伐就是鹏飞的前进方向”的信念，立志将自身发展置于国家发展的宏观环境中，坚持红色引领、创新驱动、绿色发展，在多元循环发展道路上越走越坚实。致力于打造“科创中国、科创鹏飞”，每年用于科技研发的投入都在 5 亿元以上，与清华大学、北京大学、中国人民大学、中国矿业大学、太原理工大学等知名高校建立紧密校企合作关系，成立鹏飞产业学院专门培养行业人才，携手太原理工大学共建“绿色智慧煤焦化工产业科技研究院”。

在强大的人才支撑、科研创新驱动下，集团产业链条不断延伸，发展空间不断拓展，实现年原煤产量 3 000 万 t、原煤分选 2 700 万 t、焦化产能 500 万 t、甲醇产能 60 万 t、LNG（液化天然气）产能 4 亿 m^3、合成氨产能 10 万 t、铁路发运能力 1 000 万 t，五星级酒店 3 家，国家级 4A 级景区 4 个，氢能产业基地 1 个的全产业链发展，被山西省经信委评为“山西省两化融合示范企业”，也是全国为数不多拥有两座“绿色工厂”的焦化企业。

2022 年，鹏飞集团再次入选“中国企业 500 强”榜单，排名第 264 位，较 2021 年排名上升 90 位；首次进入中国民营企业 100 强，位列第 96 位，是全国工商联自 1998 年上规模民营企业调研排位以来，山西企业首次进入百强；同时在中国制造业企业和中国制造业民营企业

500强榜单分别位列第121位和第53位。

集团感恩于党的伟大领导，感恩于国家的繁荣昌盛，感恩于改革开放的丰硕成果，始终坚定不移地听党话、跟党走，深入贯彻落实习近平新时代中国特色社会主义思想，全面加强党的建设，成为山西省10个非公企业和商协会组织党建教育示范基地之一。在全体党员"领头雁"的"雁阵效应"引领下，践行着"强国有我、强企有我"的使命责任，为集团高质量、全方位转型发展新需求提供了强大驱动力，完美地诠释了"党建是第一生产力"。

集团秉承"为心系鹏飞事业的人创造幸福"的企业使命，主动承担经济责任和社会责任，以"实业强国、实业报国"的胸怀，在捐资助教、生态绿化、公路建设、医疗救治等方面累计投入数亿元。

当今世界正处于百年未有之大变局，创新驱动风起云涌，能源革命蓄势待发，高质量发展重任在肩。奔跑于新时代的光辉大道，鹏飞集团将继续坚定"听党话、跟党走"的政治自觉、思想自觉、行动自觉，以习近平新时代中国特色社会主义思想为指引，深入贯彻新发展理念，向改革要动力，向创新要发展，向奋斗要实绩，在"成为全球领先的清洁能源智慧企业"的道路上阔步前行。